南海西部钻完井关键技术

文昌 13 -6 油田
非常规模块钻机技术

李　中　黄　熠　顾纯巍　等编著

石油工业出版社

内 容 提 要

本书介绍了文昌 13 -6 油田非常规模块钻机设计、建造、调试的过程，着重介绍本模块钻机模块化整改、安装、调试、运行管理技术经验，总结沉淀南海西部在钻修机、模块钻机方面的技术。

本书可供从事海洋石油勘探开发的专业技术人员及相关专业技术人员使用，也可供石油院校的师生参考。

图书在版编目(CIP)数据

文昌 13 -6 油田非常规模块钻机技术/李中等编著.
—北京：石油工业出版社，2017. 9
(南海西部钻完井关键技术)
ISBN 978 -7 -5183 -2085 -1

Ⅰ. ①文… Ⅱ. ①李… Ⅲ. ①南海 - 海上油气田 - 钻机 Ⅳ. ①TE53

中国版本图书馆 CIP 数据核字(2017)第 208303 号

出版发行：石油工业出版社
(北京安定门外安华里 2 区 1 号楼 100011)
网 址：www. petropub. com
编辑部：(010)64523712 图书营销中心：(010)64523633
经 销：全国新华书店
印 刷：北京中石油彩色印刷有限责任公司

2017 年 9 月第 1 版 2017 年 9 月第 1 次印刷
787 ×1092 毫米 开本：1/16 印张：6. 5
字数：150 千字

定价：29. 00 元
(如出现印装质量问题，我社图书营销中心负责调换)

前　言

从 1992 年至今,南海西部自主设计建造模块钻机的道路已经有 23 年了,期间可分为三个阶段:第一阶段为国外钻修机的引进阶段,这个阶段是对进口钻修机进行现场考察和调研,吸收国外钻修机的设计和建造理念,培养南海西部的工程技术人员;第二阶段为国产设备建造起步阶段,在这个期间,主要是在前期学习和掌握了国外钻修机设计建造经验的基础上,根据南海西部油田的特点,尝试着设计建造中小型海洋钻修机,例如文昌 19 - 1N、文昌 8 - 3E 钻修机;第三阶段为海洋钻修机的自主研发阶段,随着设计建造水平的提高,南海西部已经逐步具备了自主设计建造大中型钻修机的能力,特别是文昌 13 - 6 油田模块钻机的成功建造,使南海西部自营油田钻修机设计建造的能力上了一个新台阶。文昌 13 - 6 油田模块钻机的建造是近 3 年来南海西部海洋钻修机建造比较成功的案例。

通过 20 多年的努力,南海西部在钻修机、模块钻机的建造方面已经具备了自主研发、设计、建造、调试的能力,这是海油人智慧的结晶。本书以文昌 13 - 6 油田非常规模块钻机设计、建造、调试的过程为案例,总结沉淀南海西部在钻修机、模块钻机方面的技术。并且,随着南海的大开发,南海西部将有多个油田设计利用模块钻机进行开发,不久的将来,模块钻机建造技术必将得到更广泛的应用,对非常规模块钻机设计、建造、调试的技术总结将为今后的模块钻机的设计、建造作业提供参考和依据。

本书以文昌 13 - 6 油田非常规模块钻机为例,全书文字简洁、辅以图表,便于读者阅读。

本书虽参考大量文献及资料,并经有关专家多次审查和修改,但由于我们编著水平有限,难免存在不足之处,望读者批评指正。

前言

目　　录

第一章　概　　述

文昌 13 -6 油田位于距海南省文昌市约 144km 的珠江口西部海域。根据 ODP(Overall Development Plan,总体开发方案)研究结果,在该平台的顶部甲板建造一台 HYZJ50 -315DB -1 型模块钻机,该模块钻机由服务支持模块和钻机模块组成。在支持模块的底层主要布置钻井液系统、钻井泵组和发电机组等设备;中层主要布置钻井液净化设备、FM200、电气设备、散料间、材料间等;顶层甲板为管架区,用于摆放钻杆—钻具及相关作业设备。钻机模块由上—下底座构成,上底座主要由井架—主绞车、司钻房—钻井仪表、压井—节流管汇、顶驱 VFD 房、转盘、BOP 吊等钻台设备组成。下底座主要由上底座的支撑结构组成。

第一节　模块钻机定义

模块钻机(modularized drilling rig),即块状钻机,是指将钻井装置按模块功能、便捷安装的要求,分装在不同的底座上,搬家移动时能快速分拆,分块运输,到井位后通过简单的安装,即能实现钻井功能的装置。模块钻机的出现是为了达到降低钻井成本与钻井辅助成本(运输成本和停工成本等)的目的,从而对钻机提出的模块化设计要求,进而开发出的高度集装化、具有良好操作性能、安装移运性能和环境适应性能的钻机。与移运式钻机相比,模块钻机的拆卸、移运和安装均有相当大的优势。虽然模块钻机在移运性上稍逊于移运式钻机,但模块钻机布置灵活,钻井能力涵盖范围大,环境适应能力强,井架稳定性好,性价比相对较高。尤其是性能优异的交流变频驱动方式进入钻机行业之后,由于移运式钻机必须配置用于行车的柴油机,所以模块钻机在经济和技术上更显出优势。同时,随着技术的进步,模块钻机的拆装、运输越来越方便,效率也更高。

第二节　国内外模块钻机现状

一、国外模块钻机现状

目前在钻机装备制造技术发达的国家(美国、加拿大),模块化技术已十分成熟,模块钻机应用已相当普及。其中以 National - oilwell 公司和 Varco 公司为代表,这些钻机主要有以下特点[1]:

(1)模块钻机趋向大型化、结构形式多样化发展。如 Varco 公司生产的 ADS30Q 绞车功率可达 4477kW,预计钻井深度可达 15000m,钻井泵的水功率达 2350kW。

(2)电气传动技术的进步使得传动更加简单,特别是广泛使用了交流变频驱动技术。比如已开发出 Wirth 和 VarcoADS 齿轮传动单轴绞车,还可以使用主电动机能耗制动刹车取代辅助刹车。

(3)新型一体化旋升式井架和底座、多节自升式井架的起放更安全,使模块钻机在钻井过程中更稳定,占用井场面积更小。

(4)盘式刹车、顶部驱动钻井装置、立根自动排放机构、铁钻工装置的使用,使钻井智能化、自动化成为现实,使科学钻井成为可能。

(5)模块钻机移运性能不断提高,快速搬迁能力成为模块钻机的关键竞争力。

(6)注重以人为本,更加适应 HSE 要求。美国 National - oilwell 公司制造的 1 台 4000m 钻机,其搬家车次最多不超过 25 车次,而且每个井队班次人员配备需求也少,每班操作人员只要 4 ~5 人即可。

美国早在 1973 年就开发出了模块钻机,TBA2000 系列的 1800 ~6000m 级钻机,每个模块质量不大于 14t 可以用直升机吊装,也可以用雪橇、履带、船舶等工具运输。英国石油公司与 Phonex Alaska Technology 公司共同研制的一种轻型自动化模块钻机。这种钻机不仅质量轻,而且模块化程度高,具有灵活性高、能适应恶劣路况搬迁和在狭窄井场进行钻井作业的优点。由于采用自动化管理,整个钻机系统仅需 1 名操作工便可通过计算机控制站完成所有钻进、起下钻和钻杆排放等作业。该钻机主要由钻井模块、固控模块、井底组合(BHA)模块、动力模块、泵模块、大型储罐模块等组成。由井架底座、桅杆式井架、钻井设备和相应的拖车组成的钻井模块,安装在 160 个由液压控制转向的充气轮胎上。与常规钻机相比,这种钻机主要有以下优点:

(1)自动化程度高,为操作者提供了一个非常安全、清洁的工作环境。

(2)质量轻、移运性能强,很容易通过解冻的砂砾路、狭窄的桥和冻土带等。

(3)设计紧凑,模块化程度高,占地面积小,适用于窄小的井场。

该钻机代表了目前世界模块钻机的先进水平,不仅模块化程度高,同时,也在向安全可控和自动化方面迈出了一步。意大利已经开发出可移动式全液压模块钻机,详细参数见表 1 -2 -1。第 1 台全液压式模块钻机于 1995 年制造完成并投入运行,钩载范围为 980655 ~2941995kN,目前已经有超过 60 台的全液压式模块钻机在全世界投入使用。全液压式钻机结构简单,操作简便,设备体积较小,更加容易实现模块化。

表 1 -2 -1　意大利 Drillmec 可移动式全液压系列钻机技术参数

型号	大钩静载(kN)	最大下压力(kN)	额定输入功率(kW)	顶驱扭矩(N · m)	顶驱行程(m)	质量(t)
HH - 100	892. 405	196. 133	403	3530	15	43
HH - 102	980. 665	196. 133	418	3530	16	45
HH - 150	1333. 704	196. 133	522	3530	16	50
HH - 200	1775. 004	196. 133	1000	3530	16	55
HH - 220	1961. 330	196. 133	1000	3530	16	60
HH - 300	2667. 409	294. 199	1150	4900	16	90

二、国内模块钻机现状

中国对模块钻机的研究相对国外则较少,1996 年大庆 130 Ⅰ型、130 Ⅱ型钻机的保存量大约 1000 余台,由于钻井装备更新速度慢,严重制约了国内模块化钻机技术的应用发展。大庆 130 钻机单井拆装时间大约需要 1000h,占地面积约 $2100m^2$,搬一次家共动用 55 个车次。由于钻井迁装投入高,经济效益低,加上设备动力部分故障率高,使得井队每班操作人员多达 10 余人。另外,僵化的管理模式使钻井公司无法抽调更多的资金更新装备,使钻机制造商失去研究新型钻机的动力,国内钻井装备市场在长达 20 余年的时间内,几乎全为大庆 130 型钻机所占领。1997 年,随着南阳石油机械厂 2 台 ZJ20K 橇装模块化钻机到加拿大钻井作业,启动了国内模块化钻机的市场需求,也促进了模块化钻机应用技术的研究与发展。

目前国内宝鸡、兰石、江汉石油管理局第四石油机械厂等厂家相继投入到模块钻机的设计开发中。研制出一批满足国内油田要求的模块钻机,其中 NaborsZJ70/4500DB 钻机出口到美国,完全达到了国际化要求。该钻机布局合理,模块化设计程度高。整套钻机设备排列紧凑,占地面积小。同时,此钻机结构设计合理,单元运输模块较少。如钻井泵组和钻井液灌注系统布置在同一个底座上,地面钻井液管汇和闸阀组布置在一个橇座上,绞车与盘刹液压站、固控罐与绞车冷却水箱采用一体化设计,到固控罐电缆槽采用可旋转并能与固控罐一起运输式电缆桥架等结构。钻机橇装移运性好,拆卸、安装、维修方便。钻机底座左右基座、发电机房、偏房、油罐、水罐、VFD 房、固控罐、猫道等设备均设计有标准的自背橇,完全满足自背车运输要求;所有固控罐、电缆槽间的定位连接,固控罐面防雨棚立柱及钻台面风动绞车、液压猫头等的固定连接均采用插销结构;固控系统、泵组等所有低压管汇连接处均采用活动压套式接头,安装快捷,拆卸维修方便。

江汉石油管理局第四石油机械厂生产的 BE770 橇装模块钻机,如图 1－2－1 所示,属于模块钻机里快速移动快速安装钻机的范畴。该钻机采用先进的自顶向下设计技术,实现了石油钻机结构形式的重大突破,是国内外首创的全新理念钻机,技术性能达到国际先进水平。适应于平原、戈壁等地区油气田的钻井施工作业。钻深能力 2800～5000m,轻便的 K 形井架高度 43.3m,底座采用平行四边形整体起升。该钻机模块化集成程度高,模块数量少,快速移动,快速安装。一把榔头和专用取销工具,即可完成主机拆卸安装。不要吊车,没有高空作业,操作安全可靠。液压油缸整体起升的 K 形直立套装井架,两级伸缩,一级销接,作业承载能力强。平行四边形结构钻台底座,司钻侧底座、司钻对侧底座、中间连接部分各自独立成橇和移运;多重拉杆连接,实现低位安装、整体起升。绞车高台纵向布置,独立驱动,随底座中间连接部分整体运输,减少运输模块,体现了快移快装理念。

三、海洋模块钻机现状

海上和陆上的石油天然气钻井工艺基本相似,所不同的是陆上钻井设备不受场地限制,可以布置得相对分散些,但海上钻井设备必须集中布置在面积不大的海上平台上,平台面积有限,自然条件十分恶劣,操作工况也十分复杂。此外,海洋钻井远离陆地,运输十分困难。这些特点决定了海洋石油钻井设备除了必须达到陆上设备的要求外,其模块化和集成化的程度还应更高。国外很多海洋石油钻机多选配与陆地钻机相同的石油钻机加以模块化后装配到平台上,以便于在海上迅速吊装联接。一般选用钻深能力为 4500m,6000m,7600m 和 9000m 的钻

图1－2－1　BE770 橇装模块钻机

机装配到海洋平台上，对于移动式钻井平台则多选用6000m，7600m，9000m 和 11000m，乃至更深的钻机。

海洋模块钻机如图1－2－2所示。主要由起升系统、旋转系统、钻井液循环系统、动力系统、防喷器系统和控制系统等组成。

图1－2－2　海洋模块钻机

钻机模块主要有钻井设备模块（Drilling Equipment Set，DES）、钻井服务模块（Drilling Support Module，DSM）和散料储存模块（P－TANK 模块）等。钻机模块采用陆地建造后装船，整体起吊安装到海洋平台上。也有的海洋模块钻机模块划分较小，采用多次吊装的方式安装到平台上，如图 1－2－3 所示。

图 1－2－3 海洋钻机模块拆分装运

目前大部分新建的海洋钻机均采用模块化设计，所不同的是各自的模块化程度不同，设计指导的基本思想是：占用甲板面积小；钻机质量轻；钻机建造成本低；采用先进技术优化结构。海洋模块钻机的钻井主体部分和辅助部分普遍采用分开布置，分为固定和移动 2 个部分。主体部分即钻机的移动部分，可以在轨道上实现 x、y 方向上滑移，从而到达每一个井位进行钻井作业；辅助部分则固定不动，动力系统、控制系统和循环系统大部分布置在钻机的固定模块中，与移动部分采用各种方式连接，保证固定与移动模块之间的连接安全、可靠。

第三节 文昌 13－6 非常规模块钻机简介

一、文昌 13－6 非常规模块钻机主要技术参数

根据文昌 13－6 油田开发可行性研究的结果，搬迁 HZJ50/315DB－1 平台钻机完成初期钻完井以及后期的修井和调整井作业，文昌 13－6 平台主要结构如图 1－3－1 所示。

图 1－3－1 文昌 13－6 平台简介

1. HZJ50/315DB－1 钻机主要系统组成

1)起升系统

起下钻具、下套管、控制钻头送进以及起下完井工具、生产管柱等。主要由起升绞车、游动系统以及悬挂游动系统的钻井井架等组成。

2)旋转系统

为了转动钻具以不断破碎岩石实现钻进，平台钻机在钻台上配备有顶驱、钻井转盘等装置。

3)循环系统

为了清洗井底已破碎的岩石并保持连续钻进，平台钻机配备了钻井钻井液循环系统，该系统包括钻井泵、地面钻井液高/低压管汇、钻井液罐/钻井液槽、钻井液净化设备、钻井液制配设备等。

4)动力设备

平台钻机的动力模块采用交流变频方式驱动绞车、转盘、钻井泵等工作设备。平台钻机自带柴油发电机。

5)传动系统

传动系统把发动机的能量传递给平台钻机的提升绞车、转盘、钻井泵等设备。

6)控制系统

指挥平台钻机各系统协调地进行工作，在平台钻机中还装有各种控制设备，如机械、液动或电控制装置以及集中控制台和观测记录仪表等。

7)底座

HZJ50/315DB－1 钻机的底座主要包括钻台底座、各模块的底座以及各单体设备橇块的底座等。

2. HZJ50/315DB－1 钻机模块组成

HZJ50/315DB－1 钻机模块主要由钻井设备模块(Drilling Equipment Set，DES)、钻井服务模块(Drilling Support Module，DSM)和散料储存模块(P－TANK 模块)等组成，如图 1－3－2 所示。

1)上底座模块

含井架、顶驱、绞车、游车、大钩、钻台、司钻控制房、转盘、管汇等装置。

钻机上底座作为钻台和钻机井架等的结构支撑，布置在钻机下底座模块上，钻机下底座布置在平台主甲板上。钻机上底座模块通过液压移动装置实现钻台的纵向(平台 A、B 轴之间)移动使钻机到达不同的井口作业。钻井起升绞车、游动系统、转盘、顶驱系统、立根盒、阻流管汇、压井管汇、气液分离器以及司钻控制房等装置均布置在钻机上底座之上的钻台上。

2)下底座模块

含钻机移动系统、防喷器等。

钻机下底座布置在平台主甲板上面的 A、B 轴之间，下底座移动轨道的跨距为 14m。钻机下底座主要作为钻机上底座的结构支撑，并通过液压移动装置实现钻台的横向(平台 1、2 轴

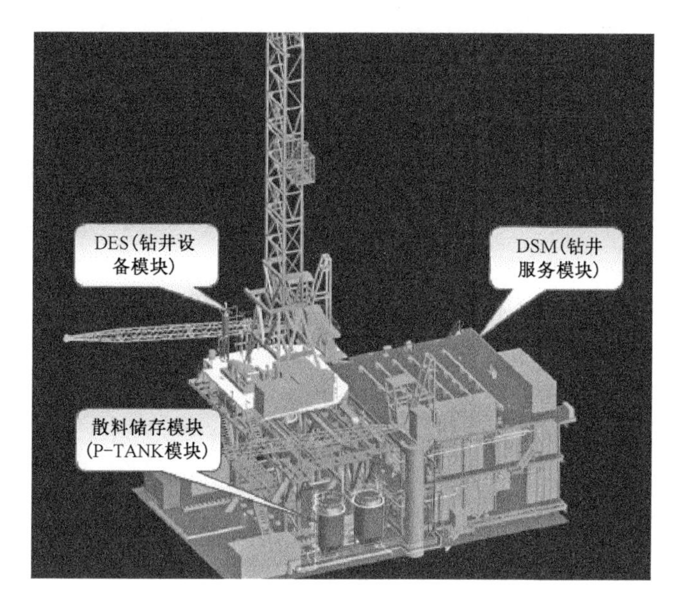

图 1-3-2 文昌 13-6 模块钻机组成

之间)移动使钻机到达不同的井口作业。为钻机配套的防喷器组，主要包括有环形、单闸板、双闸板防喷器等，悬挂在钻机下底座的结构梁上。

3)动力模块

含柴油发电机组及日用柴油罐，柴油机组单独成橇，便于后期搬迁。所有电力经整流逆变装置后分别驱动钻机的绞车和顶驱及钻井泵。该橇块布置在平台主甲板上。

4)钻井液和电控系统模块

本模块分两层，底层为钻井液系统，中层为电控系统、压缩机间、FM-200 灭火系统等，管子堆场覆盖在本模块的顶部。

(1)钻井液系统位于模块的第一层，含钻井泵及其灌注泵组、钻井液振动筛、除砂器、除泥器、离心机、钻井液罐组、混合泵、灌注泵、钻井液池以及散装化学药剂储藏间等设施。散装化学药剂及其配送系统和维修工作层也布置在该模块中。

(2)钻井钻井液系统和电控系统模块的第二层包括整流逆变装置、MCC 马达控制中心、FM-200 灭火系统等装置。

5)灰罐模块

灰罐主要由存放水泥、重晶石及土粉的储罐、管汇系统、送灰系统等组成。该模块布置在平台主甲板上，位于钻井钻井液系统和电控系统模块的北侧。

6)其他模块

固井泵根据作业需要临时租用，放置在井口区附近便于操作的位置。电测绞车、气测装置等，根据作业需要放置在便于操作的位置。

二、HZJ50/315DB-1 钻机立面图和平面布置图

如图 1-3-3 及图 1-3-4 所示。

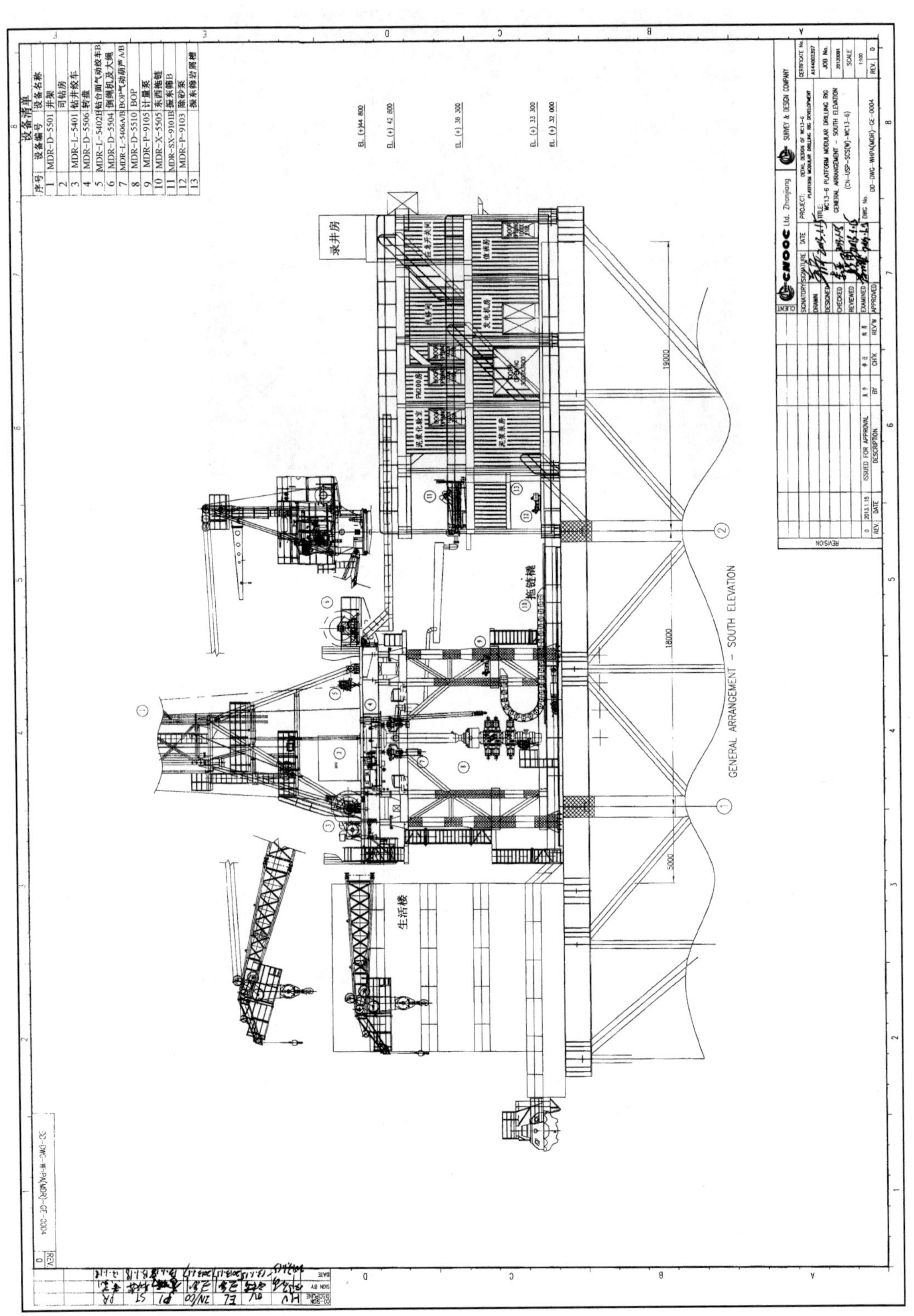

图1-3-3 文昌13-6模块平台侧视图

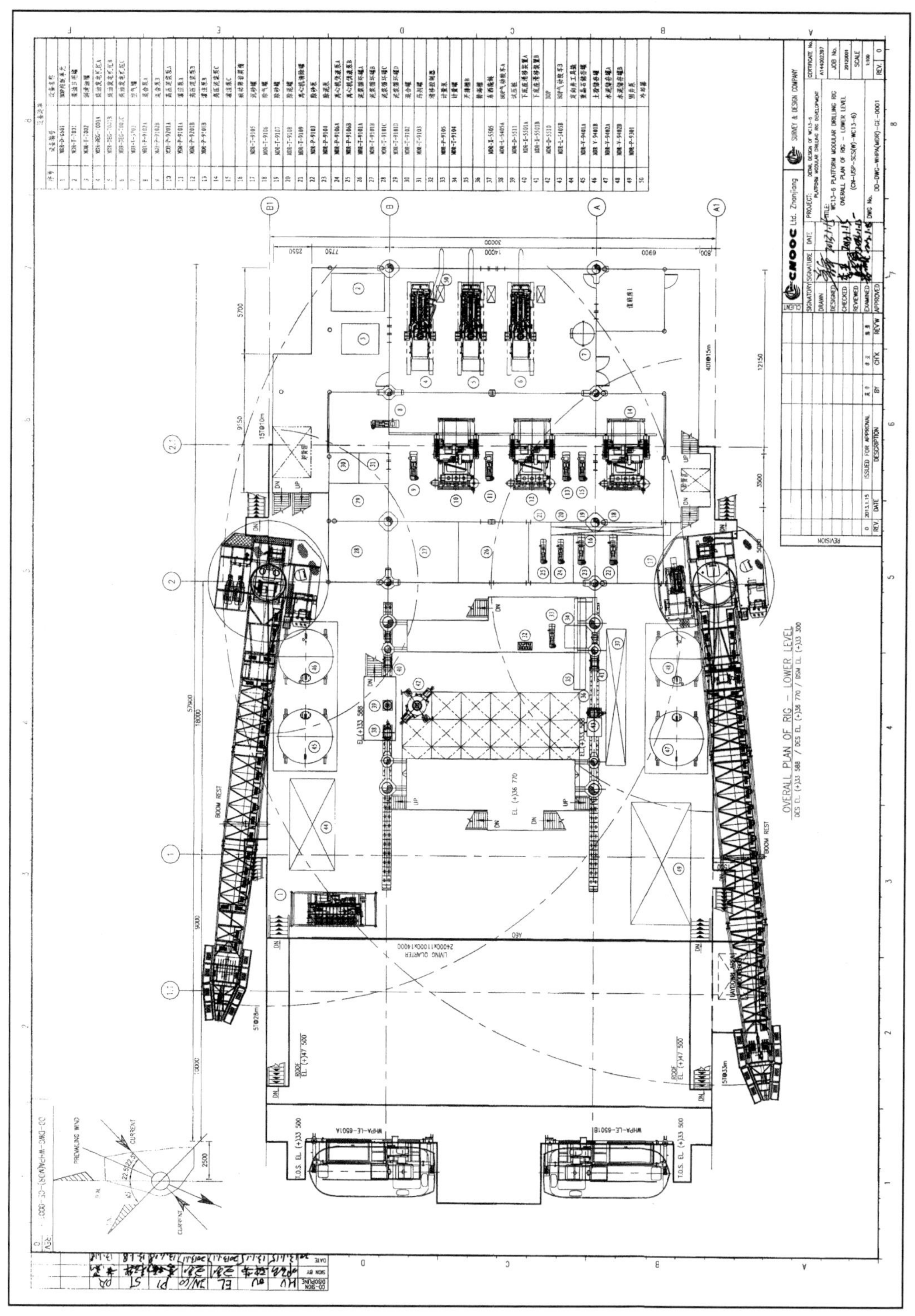

图1-3-4 文昌13-6模块平台甲板图

第二章　非常规模块钻机技术可行性分析

第一节　背　　景

文昌13－6油田属于南海西部海域首个低渗透油田，项目经济性较低，如何降低成本是本项目能否顺利实施的一个基础。ODP调研期间，了解到渤海有一套闲置钻机，若将该钻机启用，本项目将降低直接投资约5000万元人民币，但用旧钻机设备集成新钻机在中国海油钻机建造行业来说还是第一次，能借鉴的经验非常有限，需要打开思维走出一条创新的思路来完成新钻机的建造工作。

第二节　技术可行性分析

一、文昌13－6油田作业需求及模块钻机作业能力分析

1. 文昌13－6油田作业量

(1)24in隔水管的锤入作业；
(2)横向和纵向移动，覆盖20口井井槽；
(3)初期生产井的钻完井作业；
(4)后期生产井的大修和各种小修作业；
(5)后期油藏开发需求在老井眼里进行的侧钻及完井作业；
(6)预留井槽调整井的钻完井作业。

2. 原钻机的作业能力分析

原50DB钻机钻井深度、最大钩载、顶驱系统、井架高度、转盘开口、钻井泵等均能满足文昌13－6油田钻完井作业需求，见表2－2－1。

表2－2－1　原钻机作业能力分析

钻机	COSL 50DB	设计校核
钻井深度	4500m(5in钻杆) 额定5000m(4½in钻杆)	最大井深3846m
最大钩载	3150kN	最大钩载1643kN
顶驱系统	TDS－11SA (最大载荷5000kN，连续可调工作扭矩50kN·m)	最大作业扭矩29.14kN·m
钻井泵	F1600×2台	满足排量需求
井架高度	45m	满足作业要求
转盘开口	952.5mm(37½in)	满足作业要求

3. 旧模块钻机通过重新布局可满足文昌 13－6 油田的作业要求

旧模块钻机将钻台面、管子堆场、猫道、录井房、随钻测试房等重新布局，合理分配，如图 2－2－1所示。

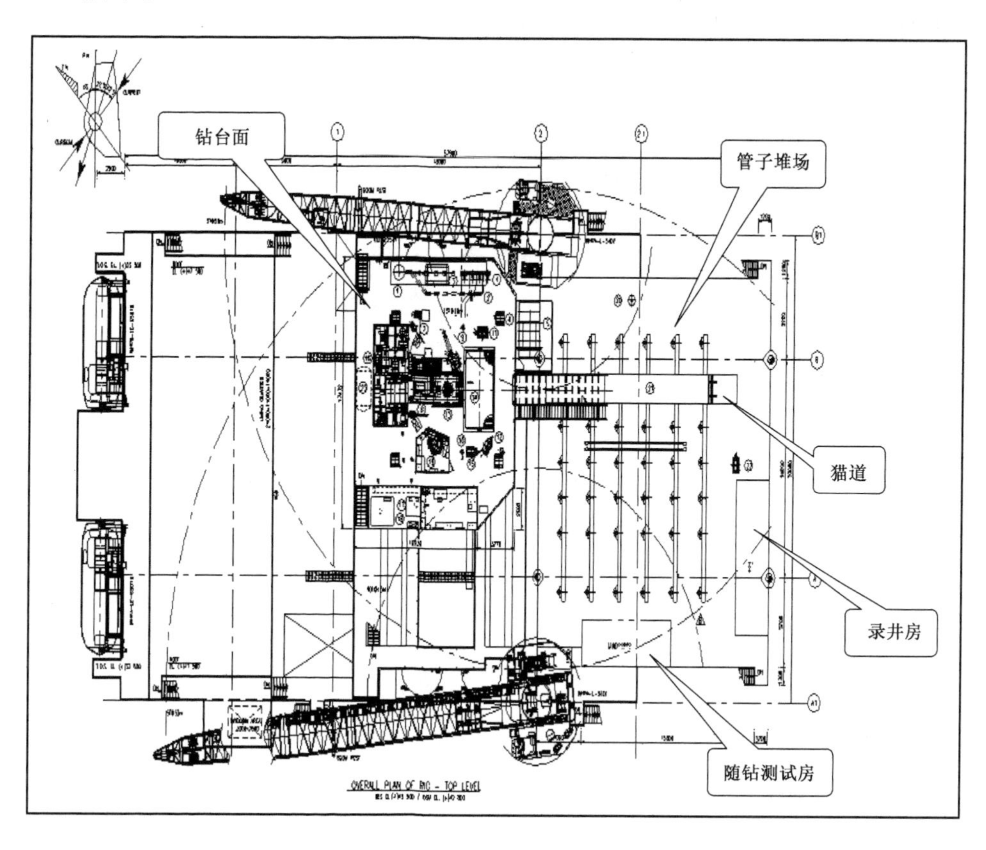

图 2－2－1　旧钻机重新布局

4. 原可搬迁式小模块通过集成后可满足本模块钻机空间的要求

通过将可搬迁式小模块集成，DSM 与 DSM 模块甲板空间合理，满足防喷器组、喇叭管等设备的安装空间，如图 2－2－2 所示。

5. 原钻机单个模块设备需要升级改造

根据在可行性研究阶段对多种钻井方式和机具的比选结果，ODP 推荐文昌 13－6 油田采用平台钻机进行钻完井及后期调整井作业。原钻机集成到新模块钻机上迁至南海海域作业是可行的。虽然原钻机单个模块设备以及甲板空间能满足文昌 13－6 油田作业要求，但设备老化、设备配备不完善、设备资料不齐全等问题突出，需要改造升级，如图 2－2－3、图 2－2－4 所示。

二、模块钻机集成改造技术难点

旧设备集成新模块钻机在中国海油尚属首例，如何高效设计并建造好本套钻机，只能边摸索边实践，具体来讲主要体现在以下几个难点：

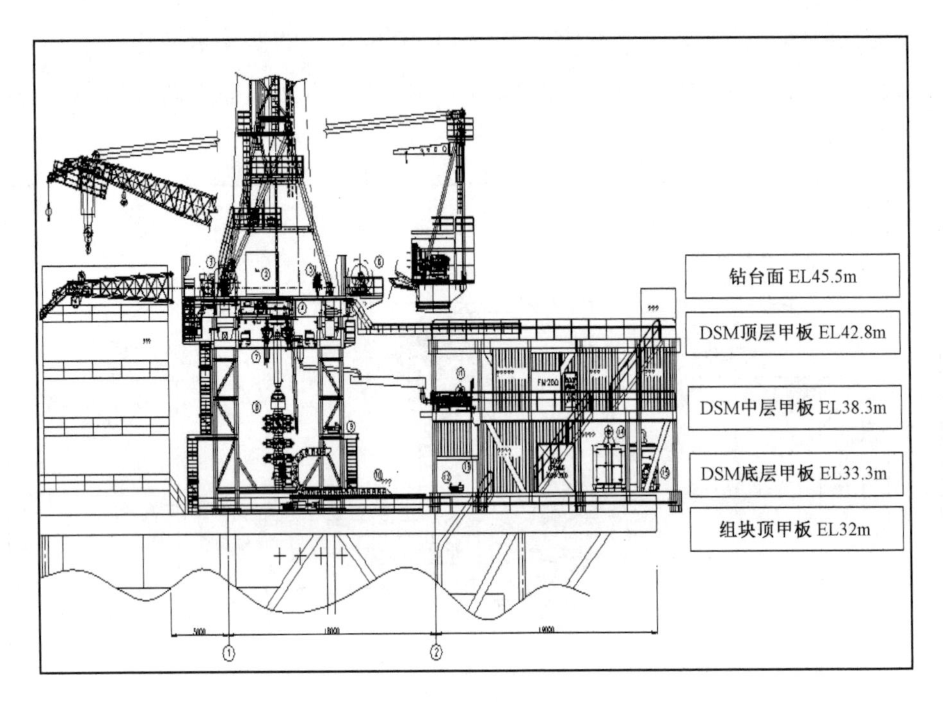

图 2－2－2　原可搬迁式小模块通过集成后

图 2－2－3　设备堆场调研

(1)如何提高旧设备的利用率,降低新设备采办成本。

原钻机共有近 90 台套设备,经现场调研和检查发现,其中近 1/3 的设备不能使用,如 BOP 吊主链条锈断、钻井液搅拌器减速箱锈穿等;超过 60% 的设备需要中修,其中主设备除配电设备外中修率达 100%;另外,4 台离心泵已经换代,市场上已经难以采购对应配件。通过有效维护保养旧设备,使之恢复功用,可以有效降低采办成本,如图 2－2－5 至图 2－2－10 所示。

图 2－2－4　考察钻井泵

图 2－2－5　堆场中封存的主绞车部件

（2）旧设备检测取证艰难。

由于旧设备已经过几年的使用并且封存时间较长，一些设备资料如零部件手册、设备检验证书、设备出厂检验报告、设备运转记录等已经丢失，要找寻和恢复这些基本技术资料并重新取证工作难度非常大。

（3）旧钻机结构需升级改造以适应南方海域环境要求。

原钻机是一种小模块—可搬迁式简易钻机，其设备配置与布局主要针对原渤海湾作业油田，设计理念陈旧，抗风载能力低，不能满足南海作业工况和最新企业规范的设计要求，需要进行适应性改造。

图2-2-6　堆场中的钻机部件

图2-2-7　缺乏保养的盘刹

图2-2-8　锈蚀的刹车毂

(4)旧模块对新模块结构设计影响大。

旧设备集成要首先考虑旧设备的尺寸、功用等情况,这势必会增加设计难度,对设计要求高。比如从现场调研的情况来看,旧钻机的钻台模块件可以利用,但怎样将原小模块钻台及设备合理地布置在新模块里需要进行严谨的设计和模型比对。

(5)建造周期短。

按照项目进度要求,模块钻机的结构建造时间要在4个月内完成,常规模块钻机建造时间约8个月,如何在4个月的时间里建造一台模块钻机是一项严峻的考验。

图 2-2-9　腐蚀了的刹车机构

图 2-2-10　封存的节流管汇

第三节　文昌 13-6 模块钻机改造后参数

一、模块钻机技术参数

(1)名义钻井深度:2800 ~ 4500m(5in 钻杆),3500 ~ 5000m(4½in 钻杆);

(2)最大钩载:3150kN;

(3)绞车:JC50DB,额定功率 1100kW;

(4)绞车驱动方式:交流变频驱动;

(5)提升系统绳系:6×7(顺穿);

(6)钢丝绳直径:ϕ35mm;

(7)转盘:ZP375,开口直径ϕ952.5mm($37\frac{1}{2}$in);

(8)顶驱系统:TDS-11SA,最大载荷5000kN,连续可调工作扭矩50kN/m;

(9)钻井泵:3台F1600泵,额定功率1600hp;

(10)钻井泵驱动方式:交流变频驱动;

(11)井架:套装井架45m;

(12)下底座导轨中心距:14m;

(13)柴油发电机组:3台CAT3512B柴油机,额定功率1310kW;

(14)空压机:2台LS20-125HH AC SULL型空压机,处理量14.2m^3/min,风冷;

(15)钻井液罐有效容积:330m^3;

(16)救生艇:75人×2艘;

(17)救生筏:25人×6艘;

(18)防喷器组成:

$13\frac{5}{8}$in×5000psi　环形防喷器×1

$13\frac{5}{8}$in×10000psi　双闸板防喷器×1

$13\frac{5}{8}$in×10000psi　钻井四通×1

$13\frac{5}{8}$in×10000psi　单闸板防喷器×1

二、HZJ50/315DB-1钻机改造主要设备及接口界面

1. HZJ50/315DB-1钻机改造主要设备

原钻机共有近90台套设备,经现场调研和检查发现,近三分之一的设备不能使用,其中改造的主要设备有14项,见表2-3-1。

表2-3-1　HZJ50/315DB-1钻机改造主要设备

<table>
<tr><th>序号</th><th>名称</th><th>数量</th><th>备注</th></tr>
<tr><td>1</td><td>水泥罐橇1#</td><td>1</td><td></td></tr>
<tr><td>2</td><td>水泥罐橇2#</td><td>1</td><td></td></tr>
<tr><td>3</td><td>土粉罐橇3#</td><td>1</td><td></td></tr>
<tr><td>4</td><td>重晶石罐橇4#</td><td>1</td><td></td></tr>
<tr><td>5</td><td>发电机</td><td>3</td><td>额定功率1310kW</td></tr>
<tr><td>6</td><td>辅助发电机</td><td>1</td><td></td></tr>
<tr><td>7</td><td>柴油罐</td><td>1</td><td>10m³</td></tr>
<tr><td>8</td><td>F1600钻井泵</td><td>3</td><td>额定功率1600hp</td></tr>
<tr><td>10</td><td>灌注泵橇</td><td>1</td><td></td></tr>
<tr><td>11</td><td>钻井液罐1#</td><td>1</td><td rowspan="3">260m³</td></tr>
<tr><td>12</td><td>钻井液罐2#</td><td>1</td></tr>
<tr><td>13</td><td>钻井液罐3#</td><td>1</td></tr>
<tr><td>14</td><td>钻井液罐4#</td><td>1</td><td>70m³</td></tr>
</table>

2. HZJ50/315DB－1 钻机与组块界面

原钻机共有近 90 台套设备，经现场调研和检查发现，近三分之一的设备不能使用，其中改造的主要设备有 14 项，见表 2－3－2。

表 2－3－2　HZJ50/315DB－1 钻机与组块界面

<table>
<tr><th>系统</th><th>供应量</th><th>压力</th><th>界面接口形式</th></tr>
<tr><td>海水</td><td>$300m^3/h$</td><td>700kPa</td><td>10in 法兰</td></tr>
<tr><td>淡水</td><td>$10m^3/h$</td><td>550kPa</td><td>2in 法兰</td></tr>
<tr><td>钻井水</td><td>$120m^3/h$</td><td>600kPa</td><td>6in 法兰</td></tr>
<tr><td>柴油</td><td>$12m^3/h$</td><td>300kPa</td><td>2in 法兰</td></tr>
<tr><td>公用仪表风</td><td></td><td>700～900kPa</td><td>2in 法兰</td></tr>
<tr><td>岩屑排放</td><td></td><td>ATM.</td><td>14in 焊口</td></tr>
<tr><td>开排</td><td></td><td>ATM.</td><td>焊口</td></tr>
<tr><td>钻井泵扫线</td><td>$150m^3/h$</td><td>3000kPa</td><td>6in 法兰</td></tr>
<tr><td>消防水</td><td></td><td>1200kPa</td><td>8in 法兰</td></tr>
<tr><td>钻机海水排海</td><td></td><td>ATM.</td><td>4in 法兰</td></tr>
<tr><td>钻机柴油日用罐溢流</td><td></td><td>ATM.</td><td>3in 法兰</td></tr>
<tr><td>吹灰系统放空</td><td></td><td>ATM.</td><td>5in 法兰</td></tr>
<tr><td rowspan="3">供电</td><td>300kW 应急动力电源</td><td colspan="2">400V/3PH/3W/50Hz</td></tr>
<tr><td>10kW 应急照明电源</td><td colspan="2">230V/3PH/3W/50Hz</td></tr>
<tr><td>障碍灯电源</td><td colspan="2">由组块导航控制盘提供</td></tr>
<tr><td rowspan="4">火气系统</td><td colspan="3">（1）去 WHPA 上部组块的火气盘通信电缆；电缆规格为 RS485；电缆根数为 2 根</td></tr>
<tr><td colspan="3">（2）去 WHPA 上部组块的队长办公室通信电缆；电缆规格为 RS485；电缆根数为 1 根</td></tr>
<tr><td colspan="3">（3）去 WHPA 上部组块的火气盘信号电缆；电缆规格为 $10P \times 1.5mm^2$ FS，电缆根数为 1 根</td></tr>
<tr><td colspan="3">（4）来自 WHPA 上部组块的火气盘信号电缆；电缆规格为 $10P \times 1.5mm^2$ FS，电缆根数为 1 根</td></tr>
<tr><td rowspan="3">通信系统</td><td colspan="3">（1）去 WHPA 上部组块的 PA/GA 信号电缆；电缆规格为 $5P \times 1.5mm^2$，HOFR；电缆根数为 1 根</td></tr>
<tr><td colspan="3">（2）去 WHPA 上部组块的 PABX 通信电缆；电缆规格为 $10P \times 1.5mm^2$ HOFR 和 $5P \times 1.5mm^2$ HOFR；电缆根数分别为 2 根和 1 根</td></tr>
<tr><td colspan="3">（3）去 WHPA 上部组块的 LAN 通信电缆；电缆规格为多模光纤；电缆根数为 1 根</td></tr>
<tr><td>组块冷放空管</td><td colspan="3">上部组块冷放空管线布置在钻机 DSM 上，由钻完井项目组预留相应位置和空间（组块设计方提供组块布置图给钻完井项目组）；冷放空管采办、建造、安装由工程项目组负责</td></tr>
</table>

3. HZJ50/315DB－1 钻机干重量

HZJ50/315DB－1 钻机干重量见表 2－3－3。

表 2-3-3 HZJ50/315DB-1 钻机干重量

序号	名称	数量	干重(t)	操作重(t)
1	钻机设备模块合计		701.5	1166.5
1.1	上底座(钻台橇)含:绞车 38.6t、转盘 20t、司钻房 6t、偏房 16t、左右上座 36t、节流压井管汇 15、大钩 3.43t、游车 3.5t、钢丝绳滚筒 5、铺台 40、BOP 导轨 2、挡风墙 20)	1	260	260
1.2	下移动底座 1#	1	70	70
1.3	下移动底座 2#	1	70	70
1.4	井架基段	1	51	51
1.5	井架下段	1	12	12
1.6	井架中下段	1	12	12
1.7	井架中段	1	12	12
1.8	井架二层台	1	8	8
1.9	井架中上段	1	12	12
1.10	井架上段及天车	1	19	19
1.11	防喷器储能器	1	9	9
1.12	万能防喷器	1	8	8
1.13	双闸板	1	12	12
1.14	单闸板	2	14	14
1.15	四通	1	2	2
1.16	顶驱	1	20	20
1.17	顶驱配件房	1	13	13
1.18	顶驱变频房	1	12.5	12.5
1.19	梯子捆绑尺寸	1	10	10
1.20	甲板导轨	2	26	26
1.21	井架立管、输灰管线等	1	10	10
1.22	螺旋输送机	1	5	5
1.23	钻井液回流槽	1	3	3
1.24	步行器 4 个、棘爪 4 个	1	7	7
1.25	销轴、附件、压板、螺栓、油缸	1	8	8
1.26	上钻台梯子	1	10	10
1.27	井口工具	1	6	6
1.28	钻具			150
1.29	大钩静载荷			315

续表

序号	名称	数量	干重(t)	操作重(t)
2	灰罐模块合计		52	540
2.1	水泥罐橇 1#	1	13	135
2.2	水泥罐橇 2#	1	13	135
2.3	土粉罐橇 3#	1	13	135
2.4	重晶石罐橇 4#	1	13	135
3	动力模块合计		98.3	112
3.1	发电机组	3	75	78
3.2	辅助发电机组	1	20.5	22
3.3	柴油罐($10m^3$)	1	2.8	12
4	钻机支持模块合计		654.1	1355
4.1	材料房 1#	1	7	15
4.2	材料房 2#	1	7	13
4.3	队长监督办公室	1	7	8
4.4	FM200 集中控制间	1	5	5
4.5	猫道及管排架	1	24.5	25
4.6	F1600 钻井泵组 1#	1	44	44.5
4.7	F1600 钻井泵组 2#	1	44	44.5
4.8	灌注泵橇	1	10	10
4.9	钻井液罐 1#	1	18	450
4.10	钻井液罐 2#	1	13	
4.11	钻井液罐 3#	1	13	
4.12	钻井液罐 4#	1	13	
4.13	固控设备	1组	18	19
4.14	分离罐橇 5#	1	1	11
4.15	除尘罐橇 6#	1	2.8	42
4.16	空气罐橇 7#	1	1	1
4.17	气源房	1	19.8	21
4.18	VFD 房	1	35	35
4.19	MCC 房	1	9	9
4.20	拖链	3	3	3
4.21	上钻井液罐梯子	1	2	2
4.22	固控区管线	1	5	5
4.23	返浆槽	1	7	7
4.24	模块和配管重		345	345
4.25	管子堆场管柱重量			240
5	钻机总重量		1505.9	3173.5

注:(1)计算平台载荷与轨道载荷以操作重为准;
(2)钻机总操作重量为 3173.5t。

三、HZJ50/315DB -1 钻机作业设施甲板布置

平台钻机甲板布置要遵循以下原则：

(1)严格遵守《海上固定平台安全规则》及其他相应规范。

(2)安全区、危险区分开布置。

(3)平台布置尽量保证作业顺畅、方便。

(4)合理布置以满足钻井、完井、修井、侧钻井和新钻调整井等各项作业要求，确保操作安全可靠。

(5)设置布置时要考虑逃生路线及所有设备的操作和维修空间，使作业人员能尽快安全到达安全集合区。

第四节　文昌 13 -6 模块建造前检查

文昌 13 -6 平台模块钻机是中国海油首台利用闲置资产改造而成的模块钻机。钻机模块在湛江基地建造后装船，然后在文昌 13 -6 平台上进行安装。在建造前，要对改造而成的模块钻机进行施工图纸的审查，无损检测人员的资格审核及无损检测工艺、焊接工艺、制造组装工艺、建造检验程序、涂装工艺的审核。

一、施工图纸的审查

设计施工图纸的审查项目包括：结点号、杆件号、杆件尺寸及相关位置。所选用的材料类型是否与基本设计相同，结构焊缝的布置是否满足相应的规范、标准等。

二、无损检测人员的资格审核

中海油服油田生产事业部湛江分公司应具有一定数量的无损检测人员，检测焊接工程质量。无损检测的方法主要有射线(RT)、超声(UT)、磁粉(MT)、渗透(PT)。在建造前，由船级社按《无损检测人员资格认可规则》对从事此项工作的人员进行资格认可考试。无损检测人员的技术资格分为 3 个等级：Ⅰ级为初级，Ⅱ级为中级，Ⅲ级为高级。经考试合格后，由船级社无损检测人员资格认可委员会签发相应等级和种类的无损检测人员资格证书，持有Ⅱ级证书以上(包括Ⅱ级证书)的人员，才能独立从事证书所载的各类探伤检测工作和签署无损检测报告。

无损检测工艺主要审核文昌 13 -6 平台模块钻机无损检测工艺以下内容：

(1)依据所选用的规范、标准、设计技术规格书和图纸的要求，确定无损检测的种类、范围和百分比。

(2)所使用的仪器和设备的型号、主要技术参数。

(3)检测操作的程序。

(4)对检测结果的评定标准及相应的报告格式。

三、焊接工艺认可

文昌 13 -6 平台模块钻机的结构焊接所采用的焊接工艺，应通过焊接工艺认可试验来保

证其工艺的适用性与可靠性。对焊接工艺认可试验主要包括下列内容：钢材的钢种、钢级、厚度、交货状态；焊接材料（焊条、焊丝和焊剂）等级、牌号和规格；坡口的设计及加工要求；焊道布置及焊接次序；焊接位置（平焊、横焊、立焊、仰焊）；焊接参数（焊接电流、焊接电压和焊接速度等）；焊接设备的型号和特征参数；焊前预热、层间温度、焊后热处理的要求等；防止产生层状撕裂的工艺措施等。

焊接工艺认可试验所用的钢材与模块钻机所用的钢材必须是同一钢厂、相同钢级并经检验部门检验合格的产品。试件的数量及加工方法、试验的类型、试验的条件及试验要求等，根据不同的位置，依其形式、厚度而定。根据认可试验的结果，承建单位中海油服油田生产事业部湛江分公司须编制详细的焊接工艺规程，并送交检验方审核，其内容与前述的焊接工艺认可试验一致。工艺认可试验结果对试验用同一钢厂、同一冶炼方法、同一钢级的钢材和焊接材料均有效。但厚度的有效范围不得超过试件厚度的 ±25%，坡口形式不得任意改动。手工电弧焊时，焊接电流和电弧电压的变动范围不得超过 ±15%，焊接速度变动范围不得超过 ±10%；埋弧自动焊时，电弧电压变化不得超过 ±7%，焊接电流变化不得超过 ±10%。预热温度变化范围不允许超过认可试验时预热温度的 ±25℃；焊后热处理的加热温度、保温时间、加热和冷却速度及温度梯度等的变化范围不允许超过认可试验规定的范围。

四、制造组装工艺

制造组装工艺是保证建造质量的关键。在文昌 13－6 平台模块钻机建造前，应组织人员制订现场组装工艺文件，并由检验审批部门对其进行审查。

五、建造检验程序

在质量控制工作中，检验是对质量好坏的一种证明手段。在文昌 13－6 平台模块钻机整个建造中建立一个检验程序，规定和选择检验点（即质量控制点）是实施检验工作的关键。检验在现场一般分为两级，一级是承建单位自验，二级是第三方检验机构的检验。承建单位自检是基础，而第三方检验机构的检查与检验是在此基础上的检验，以确保制造质量满足规定的要求，因此必须建立一套完善的检验程序，它主要包括：质量控制系统流程图、报检的项目和范围、检验依据的标准和规定、返修的要求和措施、报检的时间、手续和第三方检验机构的职责等。

六、涂装工艺

涂装是结构防腐的重要环节，应对涂装工艺严格要求，确保所用涂料达到预期目的。建造前，承建单位应制订涂装工艺，并由第三方检验机构进行审查，其内容主要包括：涂料的使用说明；涂装的范围；结构表面处理方法及要求达到的技术等级；涂装过程中环境温度和湿度的要求；结构不同部位涂料的种类、层数、漆膜厚度和涂装间隔时间；检验标准和试验、返工的方法与要求等。

第三章　非常规模块钻机建造与调试

第一节　非常规模块钻机建造方案

一、设计标准

1. 国际标准

(1)API SPEC 7K—2015《钻井和修井设备规范》《Drilling and Well Servicing Equipments》
(2)API SPEC 7《旋转钻井设备规范》
(3)API 8A《钻井和采油提升设备》
(4)API SPC 4F《钻井和修井井架和底座》
(5)API 16A《钻通设备》
(6)API RP 53《钻井设备用防喷器》
(7)IEC 529—1976 国际电工委员会标准:《外壳防护等级》
(8)IEC 60034《旋转电机》
(9)NEC 70《国际电工标准》
(10)API RP 500《石油设施电气设备安装一级一类和二类区域划分的推荐法》
(11)AWS D 1.1《钢结构焊接规范》
(12)ANSI/ASME B31.3《化工厂与炼油厂管道》
(13)SOLAS《国际海上人命安全公约》
(14)ANSI/ASME B16.5《管法兰与法兰管件》
(15)ANSI/ASME B16.9《工厂制造的锻钢对焊管件》
(16)ANSI/ASME B36.10《焊接与无缝锻钢管》
(17)ANSI/ASME B36.19《不锈钢管》
(18)API STD 5L《管线用管》
(19)API RP 14E《海上平台配管设计与安装推荐做法》
(20)ANSI B 31.3《化工厂与炼油厂管道》
(21)ANSI B 16.5《管法兰与法兰管件》
(22)API 14E《海上平台配管设计与安装推荐做法》
(23)AISC《建造物钢结构规范》

2. 国内标准

(1)SY/T 5531—1992《石油钻机用转盘》
(2)SY/T 5025—1999《钻井和修井井架、底座规范》
(3)SY/T 5527—2001《石油钻机主要提升设备》
(4)SY/T 6223—2013《钻井液净化设备配套、安装、使用和维护》

(5)SY/T 10042—2002《海上生产平台管道系统的设计与安装的推荐做法》

(6)《海上固定平台安全规则》

(7)SY/T 10010—1996《海上生产平台电气系统的设计与安装的推荐做法》

(8)《钢制海船入级与建造规范》

(9)SY/T 5964—2006《钻井井控装置组合配套、安装调试与维护》

(10)SY/T 5053. 1—2000《防喷器及控制装置 防喷器》

(11)SY/T 5323—2004《节流与压井系统》

(12)SY/T 10033—2000《海上生产平台基本上部设施安全系统的分析、设计、安装和测试的推荐作法》

(13)Q/HS 3008—2002《海上平台暖通空调系统设计方法》

(14)GB 50116—2013《火灾自动报警系统设计规范》

(15)GB 50193—1993《二氧化碳灭火系统设计规范》

二、设计要求

1. 总体设计

钻机模块包括钻井设备模块、钻井支持模块和灰罐模块。

钻井设备模块包括下底座和钻台。钻机模块通过可锁紧的液压装置推动,一共设置了两套滑移装置,模块整体可以在下滑轨上作东、西向移动,钻台可以在上滑轨上作南、北向移动,覆盖所有井位。上部组块甲板主轨道间距为14m,主轨道覆盖全部井位,上底座移动轨道规矩为11m。

钻井设备模块保留原钻机模块的钻台面结构、钻台面设备和原上滑轨,新建钻井设备模块下底座和下滑轨;钻台面移动到东北和东南极限井位时,由于钻台面与南北吊机干涉,需根据实际情况,改造原有结构,即切原钻台面东北角与东南角,同时切除原钻台面的司钻偏房的办公室,用于部置顶驱变频房。

新建一个钻井支持模块,模块底层分别布置了高压钻井泵房、发电机房、钻井液罐、值班房;钻井泵房设置三台高压钻井泵,两用一备,以满足钻完井的需要;取消原三台发电机的集装箱,新建一个发电机房,将三台发电机的冷却方式改为水冷却方式,保留风冷却方式。

中层分别布置有振动筛、离心机、除气器、钻井液搅拌器、散料间、钻井液化验室、材料房、FM200房、VFD房1、VFD房2、电池间与应急开关间。新建一个FM200房;一个变压器房;将原有的VFD集装箱和MCC集装箱重新改造并整合成新的VFD房1和VFD房2。

顶层布置了管子堆场、猫道、绞车、漏斗、随钻测试房和录井房。

管子堆场位于井口区的东侧,长约17m,宽15m,占地面积255m²。该区用于存放钻杆、套管等。

BOP控制单元位于上部组块的甲板面上。

灰罐模块分为两个橇块,分别位于上部组块甲板的北侧和南侧。

两个值班房要配备资料柜、网络接口、办公座椅等。

机修间配备虎钳、砂轮机、台钻、工具箱、插座若干。

2. 工艺设计

钻机模块的流程主要包括主工艺系统和公用系统两个部分。

3. 主工艺系统

钻机模块的主工艺系统包括高压钻井液及钻井液处理系统、钻井液混合及储存系统。

4. 公用系统

本钻机模块的公用系统包括:散料输送系统、固井系统、压缩空气系统、海水系统、饮用水系统、钻井水系统、液压系统、柴油发电机系统、排放系统。

5. 机械设计

利用原有机械设备及改造原有机械设备、新购机械设备、需建造的机械设备、采暖通风与空调、机械设备总体要求。

以上为文昌 13 - 6 钻机模块的主要机械设备,无论是利用旧设备、旧设备改造、还是新购,设备均应达到合格出厂产品的要求,并根据相关规格书及业主要求提供产品合格证、第三方检验认证、防爆证书等证明。旧设备如铭牌缺失或字迹模糊,需另外制作设备铭牌,并重新安装在设备合适位置。

原有设备必须进行检测、检验、试压合格,并按要求取证,达到新设备出厂要求。

6. 电气设计

(1)供电系统。

(2)主要电气设备及构成。

(3)不间断电源(20kV · A 新增,应急开关间内)。

(4)照明系统(新增)。

(5)接地。

(6)司钻房改造。

(7)在司钻房内增加 3#钻井泵及其辅助泵的控制开关和调速旋钮。司钻台内的控制面板的改造工作由电控厂家负责设计和改造。

7. 仪表设计

(1)钻井仪表和控制要求。

(2)钻井仪表系统。

(3)钻井仪表。

(4)游车控制。

(5)游车控制系统作为橇装仪表的一部分,绞车厂家提供至少有两套游车上下运行控制的刹车控制系统。

(6)灰罐及钻井液混合系统。

(7)第三方仪表。

第三方仪表的维护由第三方承包商提供,例如录井、测井、固井、定向井等设备,这些设备都包括在钻井仪表设计里。所有的设备都应有足够的空间为接线盒维修预留通道包括控制盘、仪表盘等，接线端子和仪表电缆也应预留接口作为测试用。

8. 结构设计

(1)结构模型。
(2)在位分析。
(3)安装分析。

9. 通信设计

(1)与组块共用的通信设备。
(2)钻机模块部分独立的通信系统。

10. 配管设计

(1)配管材料。
(2)试验。

11. 安全设计

(1)水喷淋系统的设计、检验的依据和规范。
(2)水喷淋系统设备要求。
(3)FM200 灭火系统设计要求。
(4)其他消防设备要求。
(5)铭牌、标记。
(6)成橇房间的安全要求。
(7)检验、试验和认证要求。

12. 舾装/防腐设计

1)设计依据

(1)《海上固定平台安全规则》2000 年出版。
(2)《国际海上人命安全公约》2009 年出版。
(3)舾装设计主要包括家具、门、绝缘、甲板敷料、梯子及栏杆扶手等。
(4)井架二层台侧面挡风墙需喷涂钻井模块名称，即“文昌 13－6 油田 HZJ50/315DB－1 中海石油(中国)有限公司湛江分公司”。

2)防腐设计

中华人民共和国规章：
(1)《海上固定平台安全规则》2000 年出版。
(2)《国际海上人命安全公约》2009 年出版。

3)其他国家先进标准

下面是美国材料与试验协会(American Society for Testing and Materials,ASTM)，英国标准协会(Britain Standard Institute,BS)和瑞典国家标准(SIS)的先进标准。
(1)ASTM A123：铁或钢制品表明热镀锌规格。
(2)ASTM A153：钢铁硬件热镀锌规格。

(3)ASTM B117:盐雾(水雾)测试方法。

(4)ASTM D570:塑料含水量测试方法。

(5)ASTM D2583:硬质塑料折弯硬度测试方法。

(6)ASTM G8:管道涂料阴极剥离的测试方法。

(7)ASTM E-119:建筑耐火标准测试方法。

(8)BS 4800:涂料色彩方案。

(9)BS 5252:色彩协调框架方案。

(10)BS 5493:钢铁防腐涂料涂装参考。

(11)SIS 05 59 00:钢结构表明处理图示。

三、模块钻机建造方案

1. 钻机支持模块(DSM)建造方案

(1)钻井液模块尺寸为24.6m×16.8m×11.3m,共分3层,设备布置图如图3-1-1所示,主要放置设备如表3-1-1、图3-1-1所示。

表3-1-1 钻井液模块设备布置

钻机支持模块	橇块名称	干重(t)	操作重(t)
第一层(层高5m)	钻井液罐#1	18	122
	钻井液罐#2	13	122
	钻井液罐#3	13	85
	灌注泵橇	10	10
	F1600 钻井泵组 1#	37.5	37.5
	F1600 钻井泵组 2#	37.5	37.5
	F1600 钻井泵组 3#	37.5	37.5
第二层(层高4m)	气源房	19.8	19.8
	材料房 1#	7	7
	材料房 2#	7	7
第三层	管堆场	240	240

(2)动力模块尺寸为24.6m×8.5m×11.3m,共分3层,设备布置图如表3-1-2、图3-1-2所示。

表3-1-2 钻井液模块设备布置

动力模块	橇块名称	干重(t)	操作重(t)
第一层(层高5m)	发电机组	24.5	24.5
	发电机组	24.5	24.5
	发电机组	24.5	24.5
	辅助发电机	20.5	20.5

续表

动力模块	橇块名称	干重(t)	操作重(t)
第二层(层高 4m)	VFD 房	35	35
	MCC 房	9	9
	FM200 集中控制间	5	5
	柴油罐($10m^3$)	2.8	10.8
	柴油罐($30m^3$)	13.5	37.5
第三层	管堆场	80	80

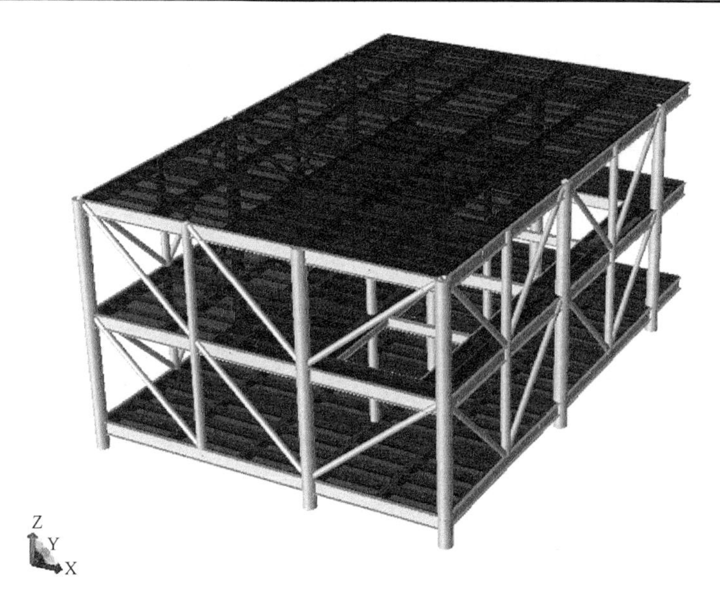

图 3－1－1　钻井液模块结构示意

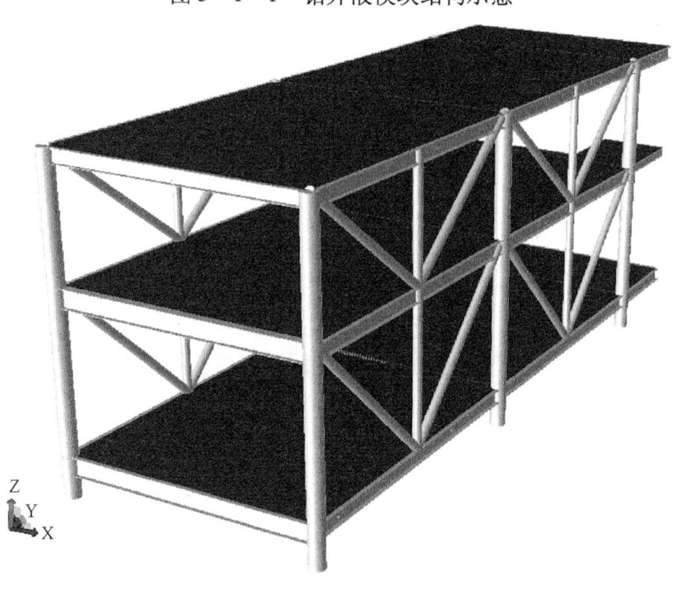

图 3－1－2　动力模块结构示意

2. 钻机设备模块(DES)建造方案

1)上底座模块

含井架、顶驱、绞车、游车、大钩、钻台、司钻控制房、转盘、管汇等装置。钻机上底座作为钻台和钻机井架等的结构支撑,布置在钻机下底座模块上,钻机下底座布置在平台主甲板上。钻机上底座模块通过液压移动装置实现钻台的纵向向(平台 A、B 轴之间)移动使钻机到达不同的井口作业。钻井起升绞车、游动系统、转盘、顶驱系统、立根盒、阻流管汇、压井管汇、气液分离器以及司钻控制房等装置均布置在钻机上底座之上的钻台上。

2)下底座模块

含钻机移动系统、防喷器等。钻机下底座部置在平台主甲板上面的 A、B 轴之间,下底座移动轨道的跨距为 14m。钻机下底座主要作为钻机上底座的结构支撑,并通过液压移动装置实现钻台的横向(平台 1、2 轴之间)移动使钻机到达不同的井口作业。为钻机配套的防喷器组,主要包括有环形、单闸板、双闸板防喷器等,悬挂在钻机下底座的结构梁上。

3. 灰罐及其他模块建造方案

1)灰罐模块

灰罐主要由存放水泥、重晶石及土粉的储罐、管汇系统、送灰系统等组成。该模块部置在平台主甲板上,位于钻井钻井液系统和电控系统模块的北侧,见表 3-1-3。

表 3-1-3 灰罐模块

序号	名称	数量	外形尺寸(mm×mm×mm)	重量(t)
1	水泥罐橇 1#	1	4000×4000×6500	13
2	水泥罐橇 2#	1	4000×4000×6500	13
3	土粉罐橇 3#	1	4000×4000×6500	13
4	重晶石罐橇 4#	1	4000×4000×6500	13
5	固井泵主橇	1	7200×2500×3100	21
合计				73

2)其他模块

固井泵根据作业需要临时租用,放置在井口区附近便于操作的位置。电测绞车、气测装置等,根据作业需要放置在便于操作的位置。

第二节 非常规模块钻机建造

一、测量模块钻机设备结构尺寸

橇块划分总的原则是在综合考虑钻完井工艺流程的要求和吊装设备能力的前提下,尽可能减少橇块数量和重量,保持橇块功能的独立性,以便尽可能减少海上安装连接和调试的工作量。

原钻机是油服闲置多年的小模块钻井设备，结构图纸等资料不齐全，为了取得设计所需的小模块数据，本项目对原钻机模块结构尺寸进行了现场测绘。本项工作弥补了模块钻机结构图纸资料的缺失；优化钻机工艺流程设计，使之适应长期作业要求；按照南海工况，对井架重新进行测试、校核和加固，更换钻台设备，见表 3－2－1、图 3－2－1；制定对旧设备从保养、维修到检测、取证的"一条龙"制度，提高旧设备使用率，降低采办成本。

表 3－2－1 原钻机现场测绘

序号	名称	数量	外形尺寸(mm×mm×mm)	重量(t)
1	上底座(钻台橇)	1	17432×17455×8100	255
2	下移动底座 1#	1	20000×6000×7200	60
3	下移动底座 2#	1	20000×6000×7200	60
4	井架基段	1	11000×10000×16700	51
5	井架下段	1	7778×5980×3305	12
6	井架中下段	1	7778×5980×3305	12
7	井架中段	1	7778×5980×3305	12
8	井架二层台	1	7778×5980×3305	8
9	井架中上段	1	7778×5980×3305	12
10	井架上段	1	10150×5980×3305	11
11	天车	1	3000×3400×2500	8
12	材料房 1#	1	6000×3000×2500	12
13	司钻房	1	3200×3400×3200	5
14	F1600 钻井泵组 1#	1	4725×3380×3935	37.5
15	F1600 钻井泵组 2#	1	4725×3380×3935	37.5
16	灌注泵橇	1	5800×5500×1000	10
17	钻井液罐 1#	1	10550×4000×3360	18
18	钻井液罐 2#	1	9450×4000×3360	13
19	钻井液罐 3#	1	7000×4000×3360	13
20	水泥罐橇 1#	1	4000×4000×6500	13
21	水泥罐橇 2#	1	4000×4000×6500	13
22	土粉罐橇 3#	1	4000×4000×6500	13
23	重晶石罐橇 4#	1	4000×4000×6500	13
24	气源房	1	10000×3000×3100	19.8
25	VFD 房	1	13600×3000×3000	35
26	MCC 房	1	4500×3000×3000	9
27	储能器	1	5850×2250×2350	9
28	顶驱	1	12000×2800×2200	20
29	顶驱变频房	1	4700×2290×2540	12.5
30	固井泵主橇	1	7200×2500×3100	21

续表

序号	名称	数量	外形尺寸(mm×mm×mm)	重量(t)
31	录井房	1	7600×2700×2650	13
32	托盘(液压油)	1	3000×3000×1500	5
33	固控管线架	1	12700×1700×1000	6
34	材料房2#	1	6000×3000×2650	7
35	井架安装滑轨	1	11500×2000×1000	6
36	顶驱滑轨	1	12000×1000×1300	6.5
37	1#笼梯长筐	1	10100×2000×2000	2
38	2#笼梯长筐	1	8000×2000×2000	3
39	拖链	1	5000×2000×1000	3

(a)

(b)

图3-2-1　现场测量结构尺寸

二、调整与完善钻机设备布局

原钻机专为渤海海域设计的一种简易钻机，其设备的配置与布局缺陷很多，设计理念也比较陈旧，已经完全不能满足南海海况和最新企业规范的设计要求。针对这些实际情况，对钻机设备重新进行了布局与完善，使之满足了后续钻完井作业的需求，优化流程，为钻完井综合提效做铺垫。

原钻机设备经改造后，集成布局在钻井设备模块（DES）和钻井支持模块（DSM）两部分中，如图3-2-2所示。

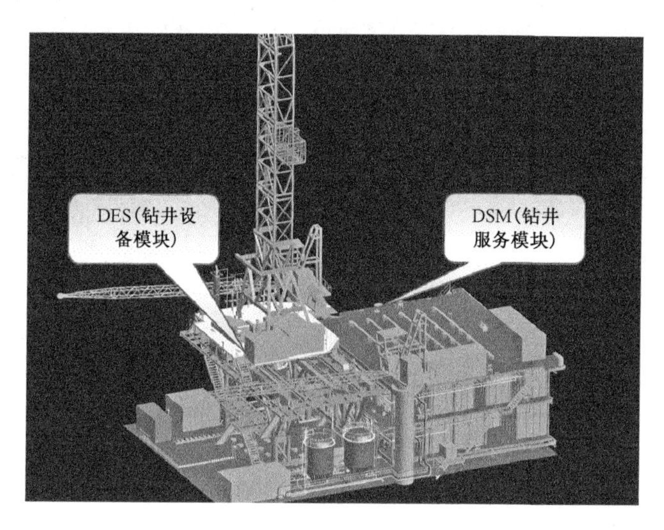

图3-2-2　模块钻机布置图

钻井设备模块：下底座系统、上底座系统、拖链系统、钻台系统、井架系统等，如图3-2-3所示。

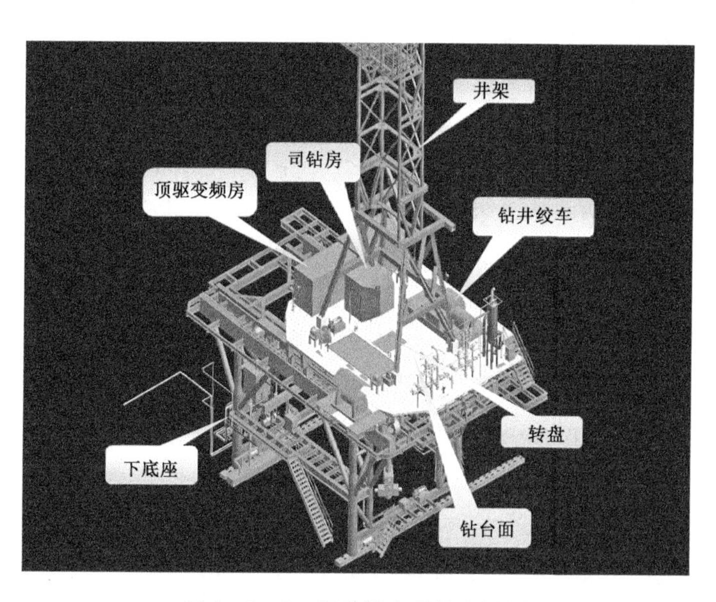

图3-2-3　钻井设备模块布置图

钻井支持模块:VFD房1、VFD房2、电池间、应急开关房、柴油机房、FM200灭火系统房、机修间、材料房、散料间、钻井泵房、钻井液池、钻井液固控设备系统、管子堆场等组成,如图3-2-4所示。

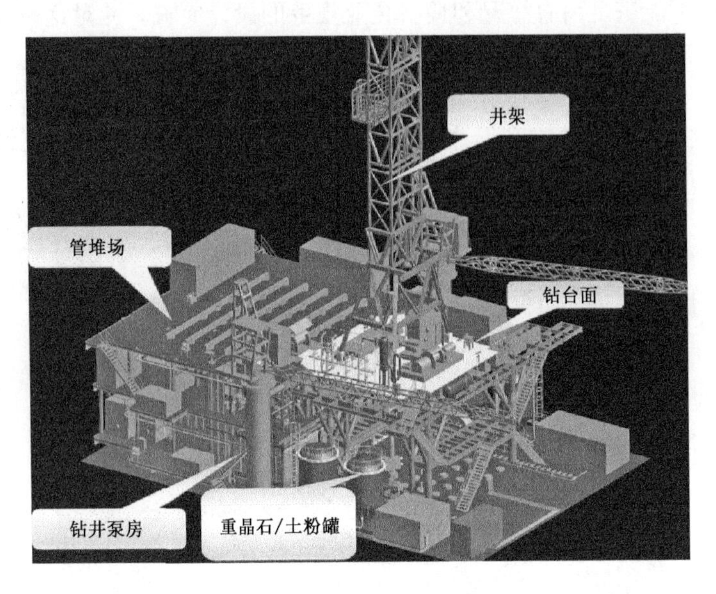

图3-2-4 钻井支持模块布置图

三、优化钻机工艺流程设计

原模块钻机是可搬迁式小模块钻机,按照当时作业需求,不需要配置完备的钻井工艺流程,而文昌13-6模块钻机是按照大型模块钻机的要求设计的,它需要完备的钻井工艺。针对原钻机的工艺流程极其简单,不能满足新形势下海上油田作业的要求,项目设计人员按照新的《海洋石油安全管理细则》(即25号令),重新设计了钻机工艺流程、仪表工艺流程、电气工艺流程等,使之满足了新油田作业和环保要求。

文昌13-6油田模块钻机的工艺系统主要包括钻井液循环系统和其他辅助系统。钻井液循环系统是模块钻机的主工艺系统,钻井液循环系统包括低压钻井液系统和高压钻井液系统。在整个工艺系统功能设计上,充分考虑了钻井、完井、固井、录井和测井等作业的要求,在岩屑和废弃钻井液的处理上严格遵从了GB 4914—2008《海洋石油勘探开发污染物排放浓度限值》的要求,对于含油岩屑在设计上考虑了后期岩屑处理设备空间的预留;对于废弃油基钻井液,在设计上考虑了统一收集,运回陆地集中处理,严禁直接排海。在恶劣工况下,钻井支持船无法停靠,废弃油基钻井液无法通过钻机支持船进行收集,此时废弃油基钻井液可以排放到平台的临时储存罐(作业方准备)上进行暂时储存。在钻井液的供应上,考虑了钻井支持船的供应和模块钻机现场临时配制两种途径。

1. 低压钻井液系统

1)钻井液混合系统

钻井液混合系统包括混合泵、混合漏斗和搅拌器。混合泵从钻井液储存罐/混合罐/药剂罐的出口管汇吸入钻井液,送入混合漏斗。高速液流在漏斗内形成涡流,加快了固相的溶解。

从漏斗出来，钻井液重新进入储存罐/混合罐/药剂罐。流程简述：钻井液罐→钻井液罐出口管汇→混合泵→混合漏斗→钻井液罐。

2）钻井液输送系统

钻井液灌注泵将配制和处理好的钻井液从钻井液罐中输送至高压钻井泵的过程，称为钻井液输送。并且，钻井液灌注泵可以避免由于高压钻井泵吸入口压力低而出现气塞或液缸内充满度低，导致高压钻井泵不能正常工作的现象。流程简述：钻井液罐→钻井液罐出口管汇→灌注泵→高压钻井泵。

3）钻井液计量灌注系统

钻井液计量灌注系统是钻井液计量和钻井液灌注的总称。它包括计量罐、计量泵等。计量罐是起下钻时用来准确计量用的小钻井液罐。起钻时，通过计量泵将钻井液打入井眼内，多余的会冲出喇叭口，返回计量罐，下钻则是井内的钻井液返出到计量罐。计量罐中的钻井液可由钻井液混合泵提供。钻井液灌注也可通过立管管汇节流后供给。灌注计量流程简述：计量罐→计量泵→井眼→喇叭口→分流盒→计量罐。

4）船供钻井液系统

船供钻井液系统用于钻井液的供给。

流程简介：钻井液供应船→平台接口→模块钻机接口→钻井液罐。

船供钻井液系统在必要的时候可以用来回收钻井液，其回收依靠的动力是钻井液混合泵。

流程简介：钻井液活动罐→钻井液混合泵→模块钻机接口→平台接口→钻井液供应船。

2. 高压钻井液系统

高压钻井液系统包括高压钻井泵系统、节流压井系统、固井系统。

1）高压钻井泵系统

钻井用高压钻井泵采用三缸单作用活塞泵，是保证钻井工作正常运行的关键设备。它的作用就是为钻井液提供必要的能量，即以一定的压力和流量，将具有一定重度、黏度的钻井液输进钻杆、钻头以及完成整个循环过程。流程简述：高压钻井泵→立管管汇→立管→顶驱→钻杆→钻头→井底。

2）节流压井系统

节流压井系统是井控的重要组成部分，而井控是钻井、修井作业必不可少的一部分。井控就是利用地面控制设备，对油气井压力的控制。采取一定的方法控制住地层孔隙压力，基本上保持井内压力平衡，保证钻井的顺利进行。根据井涌的规模和采取的控制方法的不同，把井控作业分为三级，即一级井控、二级井控和三级井控。

本模块钻机井控设备包括：

（1）井口防喷器组——环形防喷器、闸板防喷器、四通等；

（2）控制装置——蓄能器装置、遥控装置；

（3）节流压井管汇；

（4）钻具内防喷工具——方钻杆球阀、钻杆单流阀、投入式单向阀等；

（5）加重钻井液装置——重晶石粉储罐；

（6）计量灌注钻井液装置；

(7)钻井液气体分离器;

(8)检测仪表——钻井液罐液面监测仪,甲烷、硫化氢检测器;

(9)特殊作业设备——加压装置(压井起下钻),灭火装置等。

3)钻井液净化系统

在钻井过程中,钻头钻进破碎岩石,钻井液将岩屑带至地面,然后把钻井液中的岩屑除去。即使在黏土层钻进,也需要把不必要的黏土颗粒去掉,以保持钻井液的性能。钻井液净化设备包括分流盒、振动筛、真空除气器、除泥器、离心机、除泥泵、离心泵等。

钻井液流程:喇叭口→分流盒→振动筛→沉砂罐→除气器→除泥罐→除泥泵→除泥器→钻井液返回罐→离心泵→离心机→钻井液返回罐→钻井液返回槽→钻井液储存罐。

4)散料输送系统

散料输送系统采用压缩空气输送散料,模块钻机的空气压缩机为其提供气源,另外还有一路气源由平台上部主块提供。它包括重晶石粉/膨润土粉输送系统和水泥灰输送系统。

重晶石粉/膨润土粉输送系统是指将重晶石粉/膨润土粉从钻井支持船输送至重晶石粉罐/膨润土粉罐进行储存,然后再从重晶石粉罐/膨润土粉罐输送至散料缓冲罐的过程,钻井供应船在平台的南面与散料输送管线连接。流程简述:钻井支持船→重晶石粉罐/膨润土粉罐→散料缓冲罐→混合漏斗。

水泥灰输送系统是指将水泥灰从钻井支持船输送至水泥灰罐,从水泥灰罐输送至固井橇的过程。流程简述:钻井支持船→水泥灰罐→固井橇。

5)固井系统

固井系统包括:固井橇、固井水柜、固井管汇等。流程简述:固井橇→固井管汇。另外,高压固井泵也可兼作高压钻井泵用。流程简述:钻井液罐→钻井液灌注泵→高压固井泵→固井管汇→立管管汇→立管→顶驱。

四、校核模块钻机关键设备强度

原钻机是一种小模块—可搬迁式简易钻机,设备配置与布局主要针对原渤海湾作业油田,设计理念陈旧,抗风载能力低,不能满足南海作业工况和最新企业规范的设计要求,不适合文昌 13-6 油田海况的要求,需要进行适应性改造。项目组委托原井架设计—建造方,按南海工况对井架负荷重新进行了测试与校核,对强度不够的部位进行了加固。除了井架结构加强之外,本模块钻机还对钻台挡风墙、主绞车挡雨棚等进行了更换,使之满足了设备南迁要求。

1)原模块钻机风载能力

(1)适应工作环境温度:-20~50℃;

(2)正常作业风速:25.2m/s;

(3)风暴自存风速:54.7m/s。

2)升级后模块钻机风载能力

如图 3-2-5 所示。

(1)1 小时平均风速:43.4m/s;

(2)1 分钟平均风速:52.1m/s;

(3)3 秒阵风:65.1m/s。

五、完善模块钻机配套设备

图 3-2-5　加固后的井架结构

原钻机是一台可搬迁式小模块钻机，工作环境是渤海油田。其结构和作业功能对于文昌 13-6 模块钻机来说是难以满足的。对此，开展了很多改造与配套工作。

（1）增加了 UPS 设备，为不间断用电设备提供电力，如图 3-2-6 所示。

（2）新增了有源滤波装置，减少了变频设备的谐波对电网及用电设备的影响。

（3）增加了反送电设计，使钻机电网在需要的时候可以向组块供电。

（4）重新整合了电控系统，改造了电控房空调装置，使之适应中国南海高温、高湿、高盐雾工作环境。

（5）在精细核算了用电负荷的前提下，增配了 1 台 F1600 钻井泵，满足了本模块钻机钻井作业的要求。

（6）改造 BOP 吊悬挂平台，避开了钻井液回流管，使 BOP 吊运行通畅。

图 3-2-6　重新配置的电气控制系统

（7）重新核算并加固了井架结构，使之能承受南海风载的要求。

（8）完善了钻机工艺，既满足了钻井要求，又符合了《海洋石油安全管理细则》（即 25 号令）的规范。

（9）优化空压机的布置，使之满足钻机和组块同时作业的工作要求。

（10）规范了模块发电设备的布局，一改原有的分电站模式为集中发电模式，既方便了设备管理，又节省了平台空间。

图3－2－7　加固后的井架和挡风墙

（11）加长了钻台上底座滑轨，使之满足覆盖井口区的要求。

（12）重新设计—布置了钻机的火气、消防系统，满足了钻机安全需求。

（13）设计并建造了满足本模块钻机需求的泥浆泵房、钻井液池、钻台下底座经过以上一系列改造与完善，闲置了多年的旧钻机发挥了其巨大的潜能，具备了文昌13－6油田的作业功能。

六、改造并满足设备南迁作业要求

原钻机的结构强度是以渤海湾油田作业为背景进行设计的，其结构的抗风载能力无法满足南海海域作业要求，为此，对新钻机的结构强度进行了全面的核算，并根据核算的结果对井架、钻台结构件进行了加固，对钻台挡风墙、主绞车顶棚进行了更新，使模块钻机满足了南迁作业的要求，如图3－2－7所示。另外，还采用了先进的堵漏工艺，对钻台残留缝隙进行了封堵，大大减少了钻井液对模块结构的腐蚀。

第三节　海上固定平台模块钻机设备安装与调试

海上固定平台模块钻机（以下简称模块钻机）是应用在海洋石油生产平台顶层甲板的大型钻井修井装备。模块钻机上的设备的安装和调试涉及前期的结构建造、电气、管系系统建造，对达到模块钻机的性能参数和平稳运行有很大影响。模块钻机的建造过程中应对质量进行严格控制，尤其是在设备安装、调试的环节。

一、设备安装调试过程质量控制因素

1. 设备安装的定义

设备安装即为根据设计方提供的设备布置图、机械安装图纸及厂家提供的设备资料将设备分别安装到相应模块的过程。

2. 涉及设备安装的建造环节

设备安装工作不是一项单独的施工，是贯穿模块钻机建造全过程、关联全部系统的。设备安装有结构部分的支撑需求，有油、水、电、气的运行和传输需求，从设计环节开始到模块钻机在海上平台的安装都要涉及，与建造工作的主要环节关系如下：

在设计方面，根据基本设计中的钻井流程设计确定设备性能参数，提出设备的技术规格

书，根据采购设备的尺寸数据，提出安装要求，工艺、尺寸、重量等，进而确定底座结构、管系连接、动力电气接口、仪表和控制电气接口。

在建造过程，设备安装是模块钻机建造过程的一个部分，是主结构建造完成后的一个衔接调试即试运行的过程。设备安装工作也包含建造施工的有关内容，结构强度、基础平整度、安装形式和配套工作。

在模块内安装连接上，首先对设备对口的基座的尺寸、结构探伤、钢材涂装有严格的质量要求。要确定设备的安装形式来确定基座形式，可根据设备特性采取垫板、工字梁等结构，在连接方式上可采用螺栓连接、焊接等方式。在设备安装后要进行尺寸检验，从纵向、横向和轴向等方向测量，对连接位置进行磁粉、渗透、超声波等无损探伤。其次对管线、电缆有位置、尺寸、接口形式和软连接的要求。对输入和输出的不同连接，区分电、水、气、油等不同介质的不同传输要求。

1）设备调试的类型

设备调试即设备制造完成后至使用前的性能测试和试运行过程。主要分为厂内试验、单机调试、系统功能调试、系统负荷调试和海上联合试运行。

2）涉及设备调试的因素探讨

模块钻机的陆地建造和海上安装连接是以装船运输为明确界限的两个活动。设备调试工作因此分为两个过程，一是陆地调试，包含单机调试、系统功能调试、系统负荷调试；二是海上调试包含系统功能调试、系统负荷调试和海上联合试运行。

厂内试验是设备生产厂家对设备设计文件要求的性能的一种测试，以制造厂家为主体，实验方案经过厂内审批，以模拟试验为主，测试内容全面。关键设备的厂内试验应由业主代表参加，并由第三方验证检验，并将测试记录作为设备资料的一部分场内留存，如业主需要可协商附加在设备手册内。

单机调试是特指模块钻机陆地建造完成后的单台设备调试，一般为空载或启动性试验。在建造项目管理中可确定专门的设备安装调试承包商统一检查和管理。调试工作的关键在于设备和所在系统的完整性的检查和确认，应由设计人员、建造人员和调试人员共同确认，关键设备的调试应由厂家人员技术指导。在设备安装完成后要进行系统的确认检查、容器和管线的清扫、设备添加油料和保养工作。设备动力来源为电气、液压或气动的应做好上电前绝缘测量，调试中做好关联系统的联通、封闭和区域的进入限制。

系统功能调试和系统负荷调试，在单机调试后进行，一般测试工况下的设备运行情况，需要以介质传送来模拟设备实际使用。这一过程中，由设计或调试人员在厂家技术人员指导下制定调试大纲，确定运转时间和操作介质，并以部分关联系统支持一起联动，实现对功能和性能的测试。

在陆地/海上连接和设备安装、测试完成后，应进行各系统的联合负荷调试。联合调试应按照经检验机构审批的联合调试大纲和设备厂家的要求进行，负荷调试应不少于以下项目：

（1）液压系统；

（2）BOP 控制系统；

（3）电站系统；

（4）钻井仪表系统；

(5)顶驱装置；
(6)高压钻井液系统；
(7)低压钻井液系统；
(8)火灾气体探测与报警系统；
(9)消防系统；
(10)淡海水系统；
(11)空气系统；
(12)通风系统。

联合试运行是模块钻机全部系统模拟钻井流程的设备使用性试验。往往不能达到最高负荷的工况要求,但是可以检验全部设备同时运转对模块钻机整体功能是否实现,可以检验部分设备的实际使用时性能是否实现。以投产后的操作者、调试作业人员、厂家技术人员为参与主体,并应由符合性检验发证单位代表参加。

二、质检程序的设定

质检包括钢结构检验、设备检验、设备安装检验、电缆和管路连接检验及试验、电气安装试验、仪表安装试验、消防系统安装试验、舾装检验、涂装检验及检验报告和证书,且应符合设计要求和《海上固定平台安全规则》的相关规定。

安装前至少应提交以下程序文件:
(1)ITP 计划；
(2)NDT 程序；
(3)焊接控制程序；
(4)NDT 操作人员资质；
(5)不合格项控制程序；
(6)材料标识和跟踪程序；
(7)测试设备和仪器检验标定程序；
(8)尺寸控制程序(结构和管道)；
(9)电气仪表检验程序；
(10)管道外观检验程序；
(11)管线水压、气密试验及吹扫程序；
(12)管线组对检验程序；
(13)焊后热处理程序；
(14)焊接 H 型钢制作检验程序；
(15)钢管卷制检验程序；
(16)焊接程序；
(17)焊接返修程序；
(18)焊接人员资质；
(19)火工校正程序；
(20)结构建造外观检验程序；

(21)结构组对检验程序;

(22)舾装检验程序;

(23)仪表校验程序;

(24)表面处理和涂装程序;

(25)重量控制程序。

业主应要求建造项目承包商制定设备安装和调试方面的质量控制计划,或在总承包商的项目质量计划中明确。详细设计和加工设计中规定设备安装的规程,设备安装调试的检验过程中,应明确业主、承包商和第三方的控制要求,承包商应全部报检,由业主项目组技术人员和第三方确定是否评审或检验。

设备安装调试工作的质量控制点,应由设计人员根据规范进行明确,并经由业主和第三方批准。设备调试项目和验收合格的标准应由设计人员在设备技术规格书、设备调试程序中明确。建议在如下环节进行控制,关键设备的厂内试验、设备到场的入库验收、设备安装方案的批准、设备安装前的出库检验、关键设备的就位检验、设备安装后的尺寸检验和结构探伤、设备调试大纲与记录表格的批准、设备调试前检查、调试数据记录和海上联合试运行的现场检验。

三、非常规模块钻机的陆地调试

1. 调试内容

1)设备单机调试要求

(1)应确认设备安装完成,电气、管系连接正确,管路无泄漏。

(2)通电前,应检测电气设备的绝缘。

(3)应提前准备好各种测试仪器、仪表和调试用的工具。

(4)应在厂家技术人员的指导下进行。

(5)应满足设备厂家的要求和 Q/HS 2037—2008 系列标准的相关规定。

2)系统功能调试

(1)应按照设计要求完成系统的连接、确认。

(2)通电前,应检测电气系统的绝缘。

(3)系统功能调试应满足设计要求,至少应完成动力系统和电站系统的调试。

3)动力系统

(1)应满足厂家的要求和 SY/T 6586—2012、SY/T 10025—2009 的规定。

(2)应对发电机组进行负载试验、过载试验、超速保护试验。

(3)试验时,机工值班室、司钻控制盘的参数应与发电机组显示屏的对应参数一致。

4)电站系统

(1)应满足设计的要求和 SY/T 6586—2012 的规定。

(2)应测试各负荷条件下电气系统的电压、电流、功率因素、频率。

(3)应对 PLC 进行逻辑控制和程序控制的功能和性能试验。

(4)应对供电、配电系统进行功能测试。

(5)应对各用户包括司钻控制台、钻井泵控制台、钻井绞车、钻井泵和转盘等进行送电试验。

(6)应对马达控制中心各开关进行功能试验。

2. 非常规模块钻机的陆地调试实例—钻井绞车调试

1)调试条件

(1)绞车动力及控制线路接线完毕。

(2)主动力及辅助设备动力供给正常。

(3)电控系统运行正常。

2)调试人员

(1)机械工程师:1 人。

(2)电气工程师:1 人。

(3)现在操作人员:2 人。

(4)电工:1 人。

(5)厂家服务工程师:1 人。

3)调试工具及物料

电流表、电压表、兆欧表、测温仪、振动仪、噪声仪、秒表、压力表、螺丝刀、活动扳手。

4)调试目的

(1)确保绞车设备及盘刹液压站设备安装正确合理。

(2)检验产品的性能是否符合设计及有关标准要求。

(3)确保各设备运行安全可靠。

5)调试前的准备与检查

(1)机械部分。

① 检查并确保保护人员安全的设施(如安全护栏、护罩等)已正确安装固定并符合要求。

② 检查并确保传动部件、润滑系统、刹车系统、送钻/应急装置、控制系统等安装符合图纸要求。

③ 检查刹车系统,盘式刹车要检查各控制管线连接准确,液压系统压力应在设备规定的范围内;带式刹车应检查各连杆转动灵活,刹带与刹车毂之间间隙均应,刹车机构连接正确。

④ 检查并确保离合器、联轴器、连接销、紧固件等装配齐全、正确、完好。

⑤ 检查护罩、盖板、活门等,应装配合适,开启灵活。

⑥ 检查所有油、水、气、液压管路应安装正确、整齐,标识正确。

⑦ 检查防碰过圈阀、编码器、传感器、仪器仪表等应安装正确、齐全。

⑧ 检查并确保油池内已装入规定牌号的合格(用 180μm 过滤器过滤的清洁)油品,且油位满足设计要求。

⑨ 检查并确保润滑脂已按规定加注。

⑩ 检查绞车与合格的基础连接正确、固定可靠。

⑪ 用人力盘动传动部件,应转动灵活,无卡、碰、擦、响等现象。

(2)电气设备检查。

① 检查并确保各发电机及电器元件的电缆连接正确。

② 检查并确保电缆和控制、检测线路的规格、型号符合要求。

③ 测量并确保发电机的绝缘电阻不小于10MΩ,测量的相间电阻不小于1MΩ。

④ 确保试验用供电系统已调试完成。

⑤ 检查并确保各发电机、风机转向正确。

⑥ 检查机油润滑系统。启动油泵电动机,调整系统压力(油泵出口)应在0.2~0.6MPa之间。

⑦ 检查记录。

6)性能测试

(1)气控系统测试。

① 密封性试验。

a. 接通0.7~1.0MPa气源,关闭所有控制阀件,然后切断气源,保压3min,压力降应不大于0.05MPa。

b. 接通0.7~1.0MPa气源,逐个打开各执行机构的阀件,然后切断气源,保压3min,压力降应不大于0.05MPa。

② 功能测试。

a. 用手扳动过卷阀阀杆,测试是否启动刹车并切断动力或有正确的信号输出。

b. 依次挂合、脱开各离合器、换挡机构等,执行机构的逻辑动作及显示应正确。

c. 反复操作各阀件3~5次,检查各执行机构动作应灵敏,反应迅速。

(2)机油润滑系统试验。

① 渗漏试验。

开启润滑油泵,调节油压至0.2~0.6MPa,运行15min,检查机油润滑系统管路、阀件、接头等连接处,不应有渗漏现象。非独立润滑系统随绞车运行试验同时进行。

② 功能测试。

开启润滑油泵,调节各阀件,应调节灵活、准确,压力调整到规定范围内。模拟测试油温过热报警,当温度超过85℃时应报警或有信号输出。模拟测试油路低压报警,当压力低于0.06MPa应报警或有信号输出。

(3)刹车系统测试。

① 机构调试。

a. 调整刹车系统压力到规定值并记录。

b. 检查刹车机构安装,不得有任何松动。并调整好刹车片/带与刹车盘/摩擦毂之间的间隙,盘刹单侧为0.3~0.4mm,带刹单侧为0.25~0.35mm(按说明书要求);带刹车刹紧后,调整均匀后间隙平衡梁两端底面与轴座两端面之间的间隙应相等,允差1mm。

c. 安全钳(驻车钳)/刹车气缸必须按规定要求进行调整。

d. 反复操作各阀件/刹把3~5次,检查各执行机构动作应灵敏、正确,油路畅通,各控制元件/机构完好。

② 功能测试。

a. 分别操纵刹车控制手柄/刹把,刹车动作应迅速无明显滞后现象。

b. 操纵紧急刹车阀,所有钳缸/气缸应同时动作,切断绞车主动力供应或发出切断动力信号。

c. 在证实盘刹液压系统压力正常的情况下，关闭盘刹液压站的液压泵，测试蓄能器所储存的容量至少能控制一次停车(压力不低5MPa)，盘刹液压站失电报警。

d. 模拟测试盘刹液压站失电，应报警或有信号输出。

(4)运转试验。

① 绞车按Ⅰ、Ⅱ挡位分别进行。

② Ⅰ挡(低速)按滚筒轴转速50～60r/min、试验时间不小于30min和滚筒轴转速100～120r/min、试验时间不小于30min进行。

③ Ⅱ挡(高速)按滚筒轴转速50～60r/min、试验时间不小于30min，滚筒轴转速130～170r/min、试验时间不小于30min，滚筒轴转速220～250r/min、试验时间不小于60min和滚筒轴最大转速400r/min、试验时间不小于10min进行空负荷运转试验。

④ 送钻/应急电机按额定转速进行空负荷运转试验不小于30min。

⑤ 倒挡试验：按低速倒挡(按绞车额定转速输入)或滚筒转速50～60r/min空运转，运转时间为不小于10min。

(5)运转试验检查。

① 检查机油润滑系统工作状态是否正常，各喷油点是否正常喷油，系统是否存在泄漏或堵塞。

② 检查各墙板、轴头、盖板、护罩处有无漏油、卡阻和异常响声，护罩、紧固件是否牢靠。

③ 绞车(不含冷却风机)的噪声应不大于85dB。

④ 检查各控制阀件等工作是否灵敏、正确、可靠。

⑤ 运转过程中，各个轴承座外壳温升应不大于40℃；油池温升不大于40℃。

(6)带载运转试验。

绞车带有自动送钻装置，在带载运转试验时，各速度段或挡位空运转时必需摘开主传动与自动送装置间所有离合器；运转试验前也应必须开启一台绞车润滑油泵，机油压力表压力调至0.20～0.6MPa。

① 依次按绞车输入转速从低到高顺序，进行带载运转试验，具体按表3-3-1带载试验进行。

② 倒挡试验按表3-3-1相适应的要求进行。

表3-3-1　二挡位绞车带载试验

挡位	绞车试验速度(r/min)		滚筒轴加载扭矩(N·m)	运行时间(min)
			JC-50	
Ⅰ	低速	滚筒轴转速50～60	20000	20
Ⅱ	高速	滚筒轴转速130～170		30
Ⅲ		滚筒轴转速220～250	12000	30
Ⅳ		滚筒轴最高转速	4000	10
倒Ⅰ	低速	滚筒轴转速50～60		10

(7)绞车试验前检查记录表见表3-3-2。

表3-3-2　绞车试验前检查记录表

项目名称	检查内容	检查记录
安全设施	安全护栏正确安装固定	是□　否□
	护罩正确安装固定	是□　否□
绞车安装基础	符合要求	是□　否□
绞车与基础	连接正确、固定可靠	是□　否□
传动部件	安装符合规定要求	是□　否□
润滑系统	安装符合规定要求	是□　否□
刹车系统	安装符合规定要求	是□　否□
送钻/应急装置	安装符合规定要求	是□　否□
控制系统	安装符合规定要求	是□　否□
离合器	装配齐全、正确、完好	是□　否□
联轴器	装配齐全、正确、完好	是□　否□
连接销	装配齐全、正确、完好	是□　否□
紧固件	装配齐全、正确、完好	是□　否□
护罩	装配合适,开启灵活	是□　否□
盖板	装配合适,开启灵活	是□　否□
活门	装配合适,开启灵活	是□　否□
油路	安装正确、整齐,标识正确	是□　否□
水路	安装正确、整齐,标识正确	是□　否□
气路	安装正确、整齐,标识正确	是□　否□
液压管路	安装正确、整齐,标识正确	是□　否□
防碰过卷阀	安装正确、齐全	是□　否□
编码器	安装正确、齐全	是□　否□
传感器	安装正确、齐全	是□　否□
仪器仪表	安装正确、齐全	是□　否□
油池油品	合格油品,油位合适	是□　否□
润滑脂	已按规定加注	是□　否□
盘动传动部件	转动灵活,无卡、碰、擦、响等现象	是□　否□
电缆和控制线路	规格、型号符合要求	是□　否□
电缆	各电机及电器元件的电缆连接正确	是□　否□
供电系统	试验用供电系统已调试完成	是□　否□
电动机	各电动机转向正确	是□　否□

注:(1)根据现场实际检查结果,在检查结果栏“是”或“否”后边标记。
(2)若试验绞车无某项检查内容,在检查结果栏划“/”。

(8)绞车电机绝缘电阻测量记录表见表3-3-3。

表3-3-3 绞车电机绝缘电阻测量记录表

<table>
<tr><th>电机名称</th><th>绕组序号</th><th>电机绝缘电阻(MΩ)</th><th>备注</th></tr>
<tr><td rowspan="3"></td><td>1</td><td></td><td></td></tr>
<tr><td>2</td><td></td><td></td></tr>
<tr><td>3</td><td></td><td></td></tr>
<tr><td rowspan="3"></td><td>1</td><td></td><td></td></tr>
<tr><td>2</td><td></td><td></td></tr>
<tr><td>3</td><td></td><td></td></tr>
<tr><td rowspan="3"></td><td>1</td><td></td><td></td></tr>
<tr><td>2</td><td></td><td></td></tr>
<tr><td>3</td><td></td><td></td></tr>
<tr><td rowspan="3"></td><td>1</td><td></td><td></td></tr>
<tr><td>2</td><td></td><td></td></tr>
<tr><td>3</td><td></td><td></td></tr>
<tr><td rowspan="3"></td><td>1</td><td></td><td></td></tr>
<tr><td>2</td><td></td><td></td></tr>
<tr><td>3</td><td></td><td></td></tr>
<tr><td rowspan="3"></td><td>1</td><td></td><td></td></tr>
<tr><td>2</td><td></td><td></td></tr>
<tr><td>3</td><td></td><td></td></tr>
<tr><td rowspan="3"></td><td>1</td><td></td><td></td></tr>
<tr><td>2</td><td></td><td></td></tr>
<tr><td>3</td><td></td><td></td></tr>
<tr><td rowspan="3"></td><td>1</td><td></td><td></td></tr>
<tr><td>2</td><td></td><td></td></tr>
<tr><td>3</td><td></td><td></td></tr>
</table>

(9)绞车性能调试试验记录表见表3-3-4。

表3-3-4 绞车性能调试试验记录表

<table>
<tr><th>测试项目名称</th><th>测试内容</th><th>规定或要求</th><th>实测结果</th><th>结论</th></tr>
<tr><td rowspan="6">气控系统</td><td rowspan="2">密封性试验</td><td>关闭所有控制阀件,保压3min,压力降≤0.05MPa</td><td></td><td></td></tr>
<tr><td>逐个打开阀件,保压3min,压力降≤0.05MPa</td><td></td><td></td></tr>
<tr><td rowspan="4">功能测试</td><td>手扳过圈阀,刹车应启动并切断动力或有正确的信号输出</td><td></td><td></td></tr>
<tr><td>依次挂合、脱开各离合器,逻辑动作及显示正确。</td><td></td><td></td></tr>
<tr><td>依次挂合、脱开挂合/换挡机构等,逻辑动作及显示正确。</td><td></td><td></td></tr>
<tr><td>反复操作各阀件3~5次,检查动作应灵敏,反应迅速。</td><td></td><td></td></tr>
</table>

续表

测试项目名称	测试内容	规定或要求	实测结果	结论
机油润滑系统	渗漏试验	管路阀件、接头等连接处不应有渗漏现象。		
	功能测试	各阀件应调节灵活、准确,压力调整到规定范围内。		
		当温度超过85℃时应报警或有信号输出。		
		当压力低于0.1MPa应报警或有信号输出。		
刹车系统	机构调试	调整压力到规定值并记录。		
		刹车机构安装,不得有任何松动。		
		盘刹单侧为0.3~0.4mm,带刹单侧为0.25~0.35mm。		
		带刹平衡梁两端底面与轴座两端面之间的间隙应相等,允差1mm。		
	功能测试	安全钳(驻车钳)/刹车气缸必须按规定要求进行调整。		
		反复操作各阀件/刹把3~5次,各动作应灵敏、正确。		
		操纵刹车控制手柄/刹把,刹车动作应迅速无明显滞后现象。		
		操纵紧急刹车阀,所有钳缸/气缸应同时动作,切断绞车主动力供应或发出切断动力信号。		
		关闭盘刹液压站的液压泵,测试蓄能器所储的容量至少能控制一次停车。		
		模拟测试盘刹液压站失电,应报警或有信号输出。		

注:(1)实测结果栏应根据试验结果记录,结论栏根据规定和实测数据判定,并填写合格或不合格。

(2)若试验绞车无某项试验内容,在实测结果栏和结论栏划“/”。

(10)绞车空负荷运转试验记录表见表3-3-5。

表3-3-5　绞车空负荷运转试验记录表

运转速度各挡位或滚筒转速(r/min)	运转时间(min)	噪声(dB)(≤90dB)	支撑轴承温升度(℃)(温升≤40℃)	油池温升(℃)(≤40℃)	电机轴承温升度(℃)(温升≤55℃)	有无漏油	控制阀件灵敏可靠	备注

注:(1)表中填写各试验邻近终了时所测得数据,噪声值填写各测量点的最大值。备注栏填写试验中间所测得的异常值(每隔15min测一次),试验次数记录在备注栏内。

(2)若试验绞车无某项试验内容,在实测结果栏和结论栏划“/”。

3. 陆地调试总结

(1)制定旧设备的保养—维修—检测—取证一条龙制度,提高旧设备使用率,降低设备采办成本。

由于设备闲置多年,设备锈蚀、老化非常严重,一些设备资料如设备维修手册、零部件手册、设备出厂检验证书、设备运转记录、设备信息等已经丢失。根据这些情况,项目组专门编制了设备保养—维修—检测—取证工作内容表,并委派专业工程师现场督促设备维修和取证工作。在设备进场安装前完成了本钻机 86 台套设备的保养、维修,整理出了 480 多份设备检测—取证资料。满足了后期设备验收、设备管理和验船的要求。

(2)快速集成,加速建造,为油田早日上钻奠定基础。

本模块钻机的建造工作是从 2013 年 4 月 16 日在青岛致远船厂开工,考虑到工期紧张,项目组多次在建造场地召开协调会议,调动承建方的资源,千方百计抢进度,确保了当年 8 月 15 日机械完工和 10 月 8 日的顺利装船,如图 3 -3 -1 ~ 图 3 -3 -3 所示。

图 3 -3 -1　建造场地上整装待发的模块钻机

图 3 -3 -2　连夜装船的模块钻机

四、非常规模块钻机的海上调试

文昌 13 -6 油田模块钻机,是中海石油(中国)有限公司湛江分公司新建造平台,为了进行钻完井作业,平台新建一套钻机设备。目前模块钻机已完成海上安装、连接和调试。为保障钻完井作业过程中人员安全及设备设施的安全运行,使人员伤害和设备损坏降到最低程度,提高项目本质安全程度,满足安全生产要求,湛江分公司钻完井部委托中海油安全技术服务有限公司对文昌 13 -6 油田模块钻机进行作业前安全检验。中海油安全技术服务有限公司接到委托后,成立了由多名资深专家组成的文昌 13 -6 油田模块钻机作业前安全检查组,检查组根据国家法律法规、规范和标准编制了《文昌 13 -6 油田模块钻机作业前安全检验大纲》。

图3－3－3 装船固定后的钻机

检查组在现场通过外观检查、试压、检测、功能试验等方法进行设备设施检验，检验范围包括本证书及文件资料、修井机设备、钻井液循环系统、井控系统、动力系统及辅助设备、电气系统、安全逃生系统、环境保护、生活区等内容。在检验过程中检验组发现了若干问题，并就有关问题与组块方、钻完井项目组等相关人员进行了沟通和交流，并为平台整改工作献计献策。

1. 模块钻机安装、连接要求

(1)应按照检验机构审批通过的接口图纸进行管系连接。

(2)在动力、液、气、照明系统恢复后，可按照设备厂家的要求进行自举式井架及游动系统的安装。

(3)井架安装后应进行天车中心与转盘中心的对中，偏差应小于20mm。

(4)顶部驱动装置的安装与调试应满足设备厂家的各项技术要求。

(5)钻井监视系统的安装应满足设备厂家的要求和SY/T 6586—2012的规定。

2. 海上系统负荷调试

在海上连接和设备的海上安装、测试完成后，应进行各系统的联合负荷调试。联合调试应按照经检验机构审批的联合调试大纲和设备厂家的要求进行，负荷调试应不少于以下项目：

(1)液压系统。

(2)BOP控制系统。

(3)电站系统。

(4)钻井仪表系统。

(5)顶驱装置。

(6)高压钻井液系统。

(7)低压钻井液系统。

(8)火灾气体探测与报警系统。

(9)消防系统。

(10)淡海水系统。

(11)空气系统。

(12)通风系统。

(13)开闭排系统。

同时要对模块钻机各个系统进行负荷调试及功能试验。

1)液压滑移系统功能试验

(1)液压滑移试验应在井架安装结束后进行,试验过程中的记录数据。

(2)对液压锚头进行功能试验。

2)BOP 控制系统的调试

应符合调试大纲和 SY/T 5964—2006 的规定。

3)电站系统的负荷调试

(1)应符合调试大纲 SY/T 6586—2012 和 SY/T 10025—2009 的规定。

(2)应在各系统的机械设备以及主要钻井设备带负荷运转的基础上进行。

(3)至少应进行以下项目的调试:

① 应对配电系统、发电部分、交流变频或 SCR 装置在钻井泵、转盘、钻井绞车等设备运转工况分别按照 10%、25%、50%、75%、100% 的负荷进行试验。

② 应对马达控制中心进行性能参数试验。

③ 应对司钻房控制设备进行转盘、钻井绞车、钻井泵、顶驱的远程控制试验以及对 PLC 进行切换与互锁试验。

④ 对司钻房内的正压防爆系统进行报警试验。

⑤ 应对有源滤波进行投切试验。

⑥ 应对 UPS 系统进行放电试验。

⑦ 应进行海洋石油模块钻机紧急关断试验。

⑧ 对应急电站进行功能及负荷试验。

4)钻井仪表系统的调试

(1)试验应满足调试大纲 SY/T 6586—2012 和 SY/T 10025—2009 的相应规定。

(2)调试应包括大钩载荷、钻压、钻井深度、钻井液返出流量、钻井液池体积、钻井液池提及增减、钻井泵泵冲、钻井泵泵压、立管压力、液压大钳拉力等。

(3)顶驱装置的调试。

(4)试验应满足调试大纲 SY/T 6586—2012 和 SY/T 10025—2009 的相应规定。

(5)应对钻井液水龙带、顶驱鹅颈管、中心管、钻井液冲管进行 100% 的静负荷试验。

5)高压钻井液系统的调试

(1)试验应满足调试大纲、SY/T 6586—2012 和 SY/T 10025—2009 的相应规定。

(2)应对高压钻井液系统进行 100% 的静负荷水压试验,试验时间宜为 30min。

(3)应对高压钻井液系统进行 60% 的动负荷水压试验,试验时间宜为 30min。

6)低压钻井液系统的调试

(1)试验应满足调试大纲、SY/T 6586—2012 和 SY/T 10025—2009 的相应规定。

(2)应对钻井液灌注、混合、计量、固控系统进行功能试验及泵的压力测试。

(3)检查钻井液回流状况。

7）火灾、气体探测与报警系统

应按照调试大纲 SY/T 6586—2012 和 SY/T 10025—2009 的相应规定进行调试。

8）消防系统

（1）应按照调试大纲和 SY/T 6586—2012、SY/T 10025—2009 的相关规定进行调试。

（2）应对海水消防站进行静水压试验，试验时间宜为 30min。

（3）应对海水消防站进行工作状态通水试验，连续试验时间宜为 10min。

（4）应对固定灭火系统进行逻辑试验及手动模拟释放试验。

9）空气系统

（1）应按照调试大纲和 SY/T 6586—2012、SY/T 10025—2009 的相关规定进行调试。

（2）应按照工艺流程图中钻机用气及输灰用气两种工况设置调压阀的压力值。

（3）对钻机用气管路及输灰用气进行通气试验，系统应无泄漏。

（4）应对用气设备前端、正压防爆气源、风闸控制的进气调压阀进行压力调定。

（5）应对用气设备进行功能试验。

10）通风系统

应按照调试大纲和 SY/T 6586—2012、SY/T 10025—2009 的相关规定进行调试。

11）开闭排系统

（1）应按照调试大纲的规定进行调试。

（2）进行油污水处理设备的性能试验，数据应符合设备技术参数的规定。

3. 平台法定证书及注册证书

证书见表 3－3－6。

表 3－3－6　平台法定证书

序号	名称	有效期	检查结果
1	作业许可证	2016 年 2 月 2 日	已发证
2	无线电营业执照	2016 年 8 月 7 日	有
3	无线电安全证书		有
4	直升飞机平台证书		试降落试验报告
5	船级证书	2014 年 4 月 20 日	CCS 发的临时证书
6	生活水防污染证书		CCS 发证

4. 现场试验部分

1）救生艇功能试验

安全符合项：检验组对平台救生艇进行启动、转舵、释放和回收试验，下放时间约 3min，回收时间约 4min，各项功能正常；艇内属具齐全，并在检验期内，如图 3－3－4 所示。

2）飞机平台消防炮试验

安全符合项：平台方先启动消防泵，启动后消防泵的电流为 430A、泵压 1.3MPa、排量为

$350m^3$。正常运转后,检验组对平台消防炮进行出水试验:消防试验准备时间15min;试验压力0.3MPa、水柱射程大于20m、雾状覆盖直径约3.5m,符合要求,如图3-3-5所示。

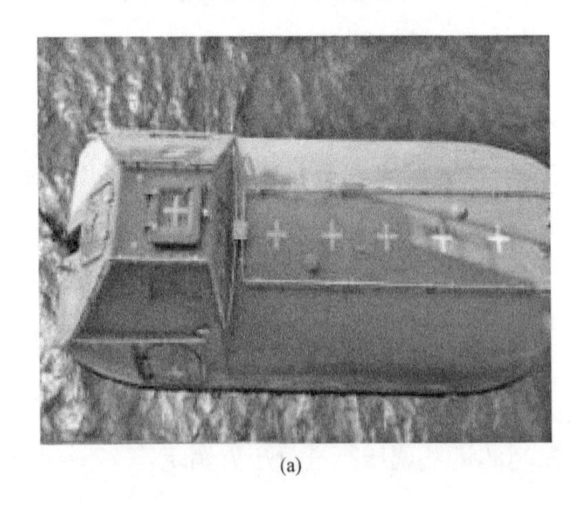
(a)

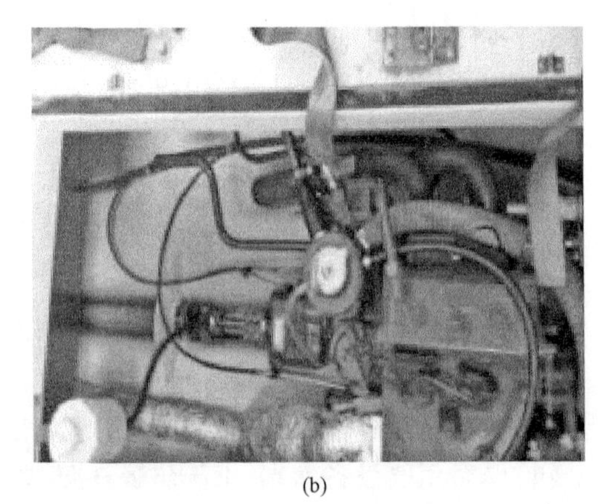
(b)

图3-3-4 救生艇功能试验

(a)

(b)

图3-3-5 消防炮功能试验

图3-3-6 消防软管功能试验

3)消防软管试验

检验组对消防软管进行抽查试验:水柱射程约为20m、雾状覆盖直径约为2.5m,抽查消防软管功能正常,如图3-3-6所示。

4)探头报警试验

检验组对平台的各种探头进行了功能试验,其中包括8组感烟探头,感热探头10组,火焰探头4组,H_2S气体探头9组、可燃气体探头15组。区域覆盖了下甲板、中控室、主变压器间、应急开关间、生活区生活间、厨房、洗衣间、钻台面等重要区域,试验结果见表3-3-7~表3-3-11。

表 3-3-7 感烟探头试验结果表

序号	探头类型	位置	位号	试验结果
1	烟探头	VFD1 房间	SD-1101	成功报警
2	烟探头	VFD1 房间	SD-1102	成功报警

表 3-3-8 感热探头试验结果

序号	探头类型	位置	位号	试验结果
1	热探头	VFD1 房间	HD-1101	成功报警
2	热探头	VFD1 房间	HD-1102	成功报警
3	热探头	VFD2 房间	HD-1201	成功报警
4	热探头	应急开关间	HD-1501	成功报警
5	热探头	材料房	HD-0901	成功报警

表 3-3-9 感火焰探头试验结果

序号	探头类型	位置	位号	试验结果
1	火焰探头	DES 上层甲板	FD-1801	成功报警
2	火焰探头	DES 上层甲板	FD-1802	成功报警
3	火焰探头	柴油发电机房	FD-2101	成功报警
4	火焰探头	柴油发电机房	FD-2102	成功报警

表 3-3-10 H_2S 探头试验结果

序号	探头类型	位置	位号	报警值	试验结果
1	H_2S 探头	钻井液搅拌器舱	H_2S-0201	20%	成功报警
2	H_2S 探头	钻井液搅拌器舱	H_2S-0202	20%	成功报警
3	H_2S 探头	钻井液搅拌器舱	H_2S-0203	20%	成功报警
4	H_2S 探头	振动筛	H_2S-0204	20%	成功报警
5	H_2S 探头	振动筛	H_2S-0205	20%	成功报警

表 3-3-11 可燃气探头试验结果

序号	探头类型	位置	位号	报警值	试验结果
1	可燃气探头	钻井泵房	GD-0301	50%	成功报警
2	可燃气探头	钻井泵房	GD-0302	50%	成功报警
3	可燃气探头	钻井泵房	GD-0303	50%	成功报警
4	可燃气探头	柴油发电机房	GD-2101	50%	成功报警
5	可燃气探头	钻井液搅拌器房	GD-0202	50%	成功报警
6	可燃气探头	钻井液搅拌器房	GD-0203	50%	成功报警
7	可燃气探头	振动筛	GD-0204	50%	成功报警
8	可燃气探头	钻井液化验室	GD-1001	50%	成功报警

5)水喷淋试验

检验组对钻台、燃油柜区水喷淋系统进行喷淋效果试验,如图3-3-7所示。

(a)

(b)

图3-3-7　喷淋功能试验

安全符合项:钻台、燃油柜区水喷淋系统试验结果正常。

6)雾笛试验

检验组对平台雾笛进行自动功能试验,如图3-3-8所示。

图3-3-8　雾笛功能试验

安全符合项:响声频率为二短一长,响声时间间隔为15s,功能正常。

7)七氟丙烷模拟试验

检验组对七氟丙烷灭火系统进行释放和抑制功能模拟测试抽检:

蓄电池间:FM200手动释放在30s内发出动作,抑制保护功能在释放信号发出30s内能正常启动。

8)助航灯试验

检验组对下层甲板助航灯进行试验:闪烁时间间隔周期为15s,闪烁频率为二短一长;灯罩外观良好,助航灯工作正常,如图3-3-9所示。

(a)

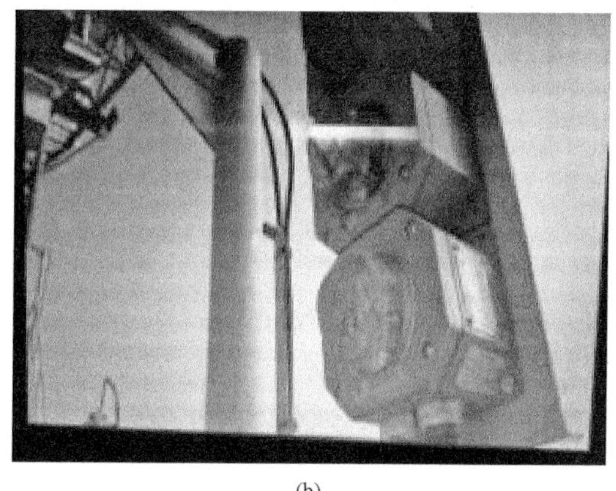

(b)

图 3－3－9　助航灯功能试验

9)生活污水处理设备

检验组对平台下甲板生活污水处理设备进行检查:日处理生活污水量 34.34m^3,如图 3－3－10所示。

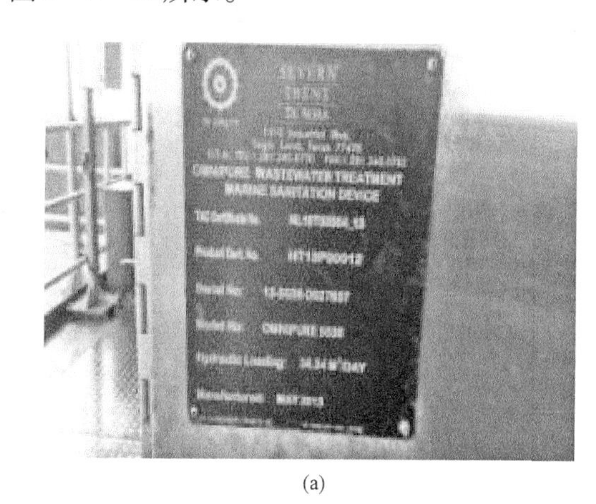

(a)

(b)

图 3－3－10　生活污水系统

10)吊车功能试验

检验组对平台吊车功能进行试验,如图 3－3－11 所示。

电吊:扒杆角度上限位 81.6°,下限位 15°;大小钩上限位 2m,下限位未设置;照明灯位置合理;试验的结果正常。

柴油吊:扒杆角度上限位 81.8°,下限位 15.3°;大小钩上限位 2m;照明灯位置合理;试验的结果正常。

11)溢油物质装备

检验组对平台溢油物质装备进行检查。

安全符合项:现场物质装备包括富肯 2 号溢油分散剂、消油剂喷洒装置。

(a)

(b)

图 3－3－11　吊车试验

12)绞车防碰天车、单机试运转

检验组对平台钻台绞车进行防碰天车和单机试运转试验,如图 3－3－12 所示。

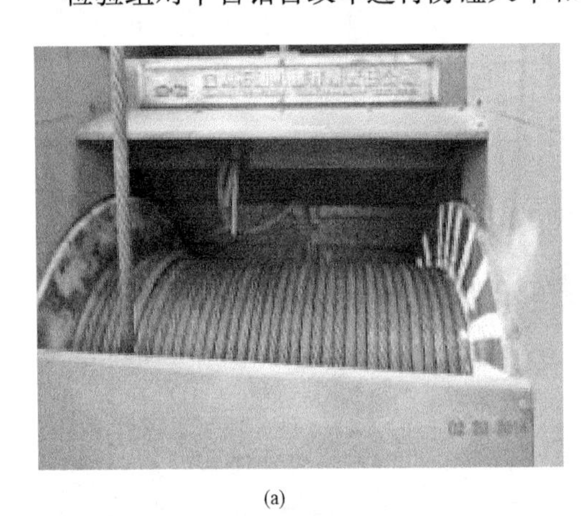

(a)

(b)

图 3－3－12　绞车防碰天车及单机试运转

防碰天车:绞车设置有三级防碰,分别为过卷防碰、重锤防碰和电子防碰。过卷防碰、重锤防碰试验均合格,电子防碰天车现场还未调试完成,未进行试验。

绞车运转:运转平稳,各个排挡链条松紧度适宜,润滑管线畅通,刹车正常。

13)转盘试运转

检验组对钻台转盘进行不同速度的正反转试验。

安全符合项:(30r/min、50r/min、80r/min)润滑油油位正常,未被发现有异常声响,功能正常。

14)应急发电柴油机单机试验

检验组对平台应急发电柴油机进行了运转试验(因根据现场实际作业情况进行了模拟停电后自动启动试验):试验结果表明应急发电机进排百叶窗自动开启、关闭灵敏;运转过程声音、排烟正常;表 3－3－12、表 3－3－13 为应急发电柴油机额定及实际参数表。

表 3-3-12 应急发电柴油机额定参数表

额定转速 (r/min)	额定功率 (kW)	额定温度 (℃)	额定转速机油压力 (MPa)
1000	800	40~90	0.5~0.8

表 3-3-13 应急发电柴油机运转 30min 参数表

转速 (r/min)	最高温度 (℃)	机油压力 (MPa)	频率 (Hz)
1000	60	0.45	50

15)井架全覆盖试验

检验组对井架进行全覆盖试验,试验成功。

16)防喷器、固井系统功能试验

(1)库美系统。

① 储能瓶氮气预充压力检测:

氮气预充压力均在井控规定 1000±100psi 范围内。

② 电泵功能试验:

从 0 到 3000psi 用时 8min,合格。

③ 压力继电器功能试验:

上限 3000psi,下限 2750psi,切换差 250psi 合格。

④ 气泵功能试验:

从预充压力到 3000psi 用时 10min,合格。

⑤ 压力继气器功能试验:

上限 3000psi,启动值为 2750psi,合格。

⑥ 储能器电泵电源线独立接入应急母排,合格。

⑦ 储能器安全阀功能试验。

开启压力为 23.5MPa,闭合压力为 19MPa,合格。

⑧ 储能器 3000psi 静压试验 3min 压降为零,合格。

(2)节流阀控制箱功能试验。

液控油压设定正常,阀位开启度设定合理,液压泵、手压泵状态良好,液动、手动开关节流阀试验,合格。

(3)联动试验。

储能器控制台、司钻控制盘、远程控制盘常规联动试验合格;备用气源、备用电源联动试验合格。

(4)固井泵试压。

① 1#泵:低压 300psi 无压降,高压 8000psi 压降 100psi,合格。

② 2#泵:低压 300psi 无压降,高压 9900psi 压降 100psi,合格。

(5)液面监测系统。

① 中法地质监测系统灵敏可靠,声光报警装置工作正常,合格。

② 司钻台监测系统灵敏,声光报警装置正常。

17)高压管汇及阀组试压

(1)立管管汇试压。

① A 阀及固井管线:低压 300psi 无压降,高压 8000psi 无压降,合格。

② B 阀、C 阀、5#阀:低压 300psi 无压降,高压 5000psi 压降 50psi,合格。

③ 3#、4#、8#阀:低压 300psi 无压降,高压 5000psi 无压降,合格。

④ 10#、14#、12#、9#、2#、1#阀:低压 300psi 无压降,高压 5000psi 无压降,合格。

⑤ 7#、6#、11#、13#阀:低压 300psi 无压降,高压 5000psi 无压降,合格。

(2)阻流、压井管汇试压。

① 20#阀:低压 260psi 稳压 5min 无压降,高压 5000psi 稳压 15min 无压降,合格。

② 19#、21#、22#阀:低压 260psi 稳压 5min 无压降,高压 5000psi 稳压 20min 压降 100psi,合格。

③ 23#、25#、26#、27#、18#阀:低压 260psi 稳压 5min 无压降,高压 5000psi 稳压 17min 压降 100psi,合格。

④ 24#、15#、28#、29#、16#、17#阀:低压 260psi 稳压 5min 无压降,高压 5000psi 稳压 15min 压降 100psi,合格。

⑤ 30#、31#、32#、7#阀:低压 260psi 稳压 5min 无压降,高压 5000psi 稳压 17min 压降 100psi,合格。

(3)顶驱 IBOP 试压。

① 液动阀:低压 300psi 稳压 5min 无压降,高压 5200psi 稳压 15min 无压降,合格。

② 手动阀:低压 300psi 稳压 5min 无压降,高压 5000psi 稳压 15min 无压降,合格。

(4)高压立管、水龙带试压。

低压 300psi 无压降,高压 5000psi 无压降,合格。

(5)泥浆泵高压管汇线。

低压 300psi 无压降,高压 5000psi 无压降,合格。

(6)BOP 系统试压。

① 剪切闸板 + 两侧手动阀:低压 300psi 无压降,高压 8000psi 压降 100psi,合格。

② 变闸板:低压 300psi 无压降,高压 8000psi 压降 100psi,合格。

③ 5 寸半封闸板 +2 个四通手动阀:低压 300psi 无压降,高压 8000psi 压降 100psi,合格。

④ 万能防喷器:低压 300psi 无压降,高压 5000psi 无压降,合格。

18)联合运转试验

检验组对现场的动力系统、电力系统、气控系统、配电系统、钻井旋转系统、钻井控制系统、循环等系统展开了功能联合试验,各设备详细的运转情况如下。

(1)柴油机运转情况。

① 2014 年 2 月 24 日 22:00 至 2014 年 2 月 25 日 6:30,柴油机负荷运转 1000 ~ 1500r/min、机油温度 84 ~ 89℃左右、压力正常,运转正常。

② 柴油发电机主断路器开关测试为:欠压保护为 330V、逆功保护为 75kW、过流保护为 1875A。

③ 并车情况下 1#、3#柴油机功率为 860kW,电流 1100A,运转 2h 正常。

④ 并车情况下 2#、3#柴油机功率为 860kW，电流 1100A，运转 2h 正常。

⑤ 并车情况下 1#、2#柴油机功率为 860kW，电流 1100A，运转 2h 正常。

⑥ 分别对 1#、2#、3#柴油机做负载的突增、突减试验：

1#柴油机：泵冲为 98 冲时 1#柴油机负载率为 28.2%；电流为 509A。

2#柴油机：泵冲为 98 冲时 2#柴油机负载率为 26.3%；电流为 504A。

3#柴油机：泵冲为 98 冲时 3#柴油机负载率为 25.8%；电流为 501A。

(2)钻井泵运转情况。

2014 年 2 月 24 日 22:00 至 2014 年 2 月 25 日 6:00，对两台钻井泵进行了联合试运转，运转参数：缸套 150mm、冲数 97N/min、泵压 22～24MPa，运转正常。

(3)绞车运转情况。

2014 年 2 月 24 日 20:30 至 2014 年 2 月 25 日 5:30 对绞车进行了联合试运转，A 发电机电流 237A、B 发电机电流 245A、油压 0.32MPa，运转正常。

(4)灌注泵运转情况。

2014 年 2 月 24 日 22:00 至 2014 年 2 月 25 日 6:00 对灌注泵进行了联合试运转，电机温度 56℃、轴承温度 56℃、压力 0.38MPa，试验期间各个参数正常。

5. 海上调试验收

针对陆地检验的遗留问题及计划整改内容，制定了一套海上设备调试大纲。通过优化配置和严格执行调试大纲。文昌 13－6 油田模块钻机安装、调试、整改期间发现 52 项不符合项及建议整改项，现场检查部分不符合项 40 项，平台设施试验及安全不符合项 12 项。通过基地专家支持，现场监督组、模块钻机操作人员、各家服务商、工程项目组及生产准备项目组针对连接调试计划，合理分工，齐心聚力、共同奋战，根据验船组提出的验船计划，积极配合，发现问题当即整改。最终海上调试工作于 2 月 20 日完成，较设计提前 10d，并于 5d 后顺利取得验船备案，实现了 2 月 28 日开始作业的奋斗目标，如图 3－3－13 至图 3－3－15 所示。

图 3－3－13　海上安装完成后的模块钻机

海洋石油天然气安全生产监督检查

行政执法文书现场检查记录

海油分部湛检 字〔2014〕第（005）号

被检查单位：中海石油（中国）有限公司湛江分公司

被检查场所负责人（签名）：________ 检查场所：文昌13-6A平台模块钻机

安全生产监察员（签名）：________ 检查时间：2014-02-24~25

检查情况：

根据中海石油（中国）有限公司湛江分公司的申请，依据《海洋石油安全生产规定》（国家安全监管总局令第4号）、《海洋石油安全管理细则》（国家安全监管总局令第25号）等法规的要求，国家安全生产监督管理总局海洋石油作业安全办公室海油分部湛江监督处派遣安全生产监察员 刘祖仁、崔锡荣，于2014年2月24、25日对中海石油（中国）有限公司湛江分公司文昌13-6A平台模块钻机进行了作业设施备案前现场检查。

通过资料审查和现场检查，文昌13-6A平台整体取得了CCS颁发的海上设施符合证书，模块钻机主要设备证书资料齐全，并进行了技术检验和评估，消防、救逃生设施完好可用，主要钻修井设备满足法规要求；现场安全管理体系执行良好。

检查人员认为中海石油（中国）有限公司湛江分公司必须在作业设施备案之前完成以下问题整改，并将完成情况上报海油安办海油分部湛江监督处确认：

1、 上甲板部分区域应急撤离通道不畅通。《海洋石油安全管理细则》第二十条：设施上所有通往救生艇（筏）、直升机平台的应急撤离通道和通往消防设备的通道应当设置明显标志，并保持畅通；

第1页 共4页

(a)

回复：清理占用安全通道货物，确保安全通道畅通，并完善安全通道标示，已完成。

2、 司钻房一台防爆接线箱螺栓缺失。《海洋石油安全管理细则》第四十九条第七项：电气管理应当符合下列规定：（七）安装在不同等级危险区域的电气设备符合该等级的防爆类型。防爆电气设备上的部件不得任意拆除，必须保持电气设备的防爆性能；

回复：补齐司钻房接线箱螺栓，并检查紧固所有螺栓，确保接线箱密封，已完成。

3、 钻井平台部分系物器具未见检验色。《海洋石油安全管理细则》第七十二条：系物器具应当按照有关规定由海油安办认可的检验机构对其定期进行检验，并作出标记；

回复：清理无检验标示索具，并送基地请专业检验机构检验。

4、 部分电气设备金属外壳无可靠的接地装置。《海洋石油安全管理细则》第四十九条第十项：电气管理应当符合下列规定：（十）对生产和作业设施采取有效的防静电和防雷措施；

回复：已对平台电气设备接地线检查，对部分未安装或不规范的接地线进行了整改。

5、 救生筏未安装静水压力释放器。《海洋石油安全管理细则》第二十二条第一款：设施配备的救生艇、救助艇、救生筏、救生圈、救生衣、保温救生服及属具等救生设备，应当符合《国际海上人命安全公约》的规定，并经海油安办认可的发证检验机构检验合格；

回复：已订货，到货后进行安装。

第2页 共4页

(b)

6、 上甲板临时柴油发电机放置在危险区，其曲轴箱呼吸器和排烟管的排出口未引至安全区，且排烟管未做隔热保护。《海上固定平台安全规则》7.3.1.2 柴油机的助燃空气应从安全区吸入。每台柴油机应有独立的排气管路并装有消音器，其出口应通到平台安全区的开敞空间；7.3.1.5 柴油机应安装于安全区内。如不可避免，安装在危险区内的柴油机，其安装处所应予以封闭，并至少采取下述措施使之成为安全处所；

回复：已将临时柴油发电机移至安全区放置，排烟管隔热材料正在采办。

7、 生活区进出口存放液化石油天然气。《海洋石油安全管理细则》第二十七条第一项：危险物品管理应当符合下列规定：（一）设施上任何危险物品（包括爆炸品、压缩气体和液化气体、易燃液体、易燃固体、自燃物品和遇湿易燃物品、氧化剂和有机过氧化物、有毒品和腐蚀品等）必须存放在远离危险区和生活区的指定地点和容器内，并将存放地点标注在设施操作手册的附图上；个人不得私自存放危险物品；

回复：已将液化石油气架移到安全区的指定地点存放，并标注在操作手册附图上。

8、 司钻房及泥浆化验室的感烟探头故障。《海洋石油安全管理细则》第二十三条第五项：设施上的消防设备应当符合下列规定：（五）所有的消防设备都存放在易于取用的位置，并定期检查，始终保持完好状态；

回复：排除司钻房及泥浆化验室烟感探头故障，并进行测试、合格。

9、 未配备钻具内防喷装置和套管循环接头。《海洋石油安全管理细则》第五十二条第二、三项：钻井作业应当符合下列规定：（二）钻井作业期间，在钻台上备有与钻杆相匹配的内防喷装置；（三）下套管时，防喷器尺寸与所下套管尺寸相匹配，并备有与所下套管丝扣相匹配的循环接

第3页 共4页

(c)

头。

回复：钻具内防喷阀开钻前送上平台，各层套管循环头随套管送上平台。

被检查单位意见：

负责人签名：

年 月 日

第4页 共4页

(d)

图3-3-14 现场检查问题的回复

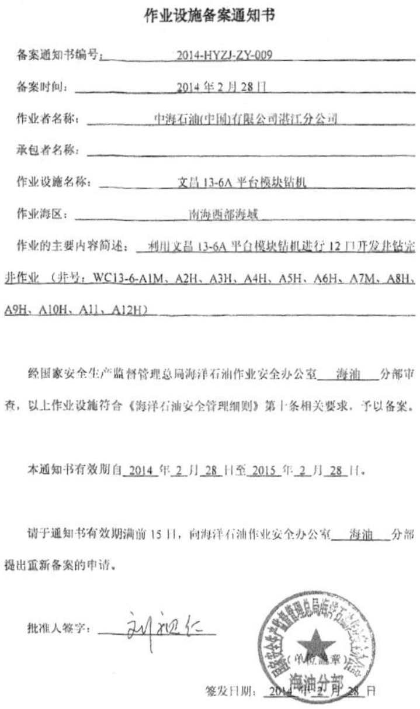

作业设施备案通知书

备案通知书编号：2014-HYZJ-ZY-009

备案时间：2014年2月28日

作业者名称：中海石油(中国)有限公司湛江分公司

承包者名称：

作业设施名称：文昌13-6A 平台模块钻机

作业海区：南海西部海域

作业的主要内容简述：利用文昌13-6A 平台模块钻机进行12口开发井钻完井作业（井号：WC13-6-A1M、A2H、A3H、A4H、A5H、A6H、A7M、A8H、A9H、A10H、A11、A12H）

经国家安全生产监督管理总局海洋石油作业安全办公室 海油 分部审查，以上作业设施符合《海洋石油安全管理细则》第十条相关要求，予以备案。

本通知书有效期自 2014 年 2 月 28 日至 2015 年 2 月 28 日。

请于通知书有效期满前15日，向海洋石油作业安全办公室 海油 分部提出重新备案的申请。

批准人签字：刘祖仁

（单位盖章）

海油分部

签发日期：2014年2月28日

图3－3－15　作业设备备案通知书

第四章　非常规模块钻机管理

第一节　项 目 管 理

一、旧设备集成完善形成文昌 13－6 平台新模块钻机

由旧钻机集成新钻机不是简单地堆砌和组合，它需要有满足作业工况的设计依据和丰富的技术资源。

(1)深入了解原设备的状况，制订有效的设备维修—保养—检验—检测和取证方案，保证设备修旧如新。

(2)完善钻机工艺设计，使之满足新油田作业工艺的要求。

(3)调整—完善设备布局，使其满足新平台作业需求。

(4)完善设备配置，使之满足新环境、新标准、新规范的要求。

二、制定文昌 13－6 平台模块钻机设计思路及管理办法

1. 设计思路

常规钻机建造的过程主要为以下几个步骤：

1)设计

(1)基本设计。

(2)详细设计。

(3)加工设计。

2)采办

(1)服务采办。

(2)设备采办(占主要部分)。

3)陆上建造

4)运输及海上调试

在本次模块钻机的建造过程中，尤其要关注旧设备的状况及采办的相关环节。在基本设计开展之前，需首先进行旧钻机的钻完井作业的能力适应性分析，其次是对设备状况进行摸底，包括检验、测试、测量、匹配性检查等。在采办阶段，为有效提高旧设备的使用率，在确认能力可行后，进而对设备按照出厂标准进行维修—取证，确保各单台设备均处于良好或最佳状态。

2. 管理办法

通过本次模块钻机设计及建造过程的摸索和实践，构建了一种新钻机从设计到建造的管理办法，建立了一套钻机管理制度。整体包括以下几个方面的控制。

1)设计

(1)可行性调研:作业能力系统分析。

(2)旧设备状况摸底:提高旧设备使用效率,严格取证。

(3)基本设计:强化旧设备安新家的适应性分析。

(4)详细设计:方便后续钻完井作业,提高作业效率。

(5)加工设计:方便施工,缩短建造周期。

2)采办

(1)服务采办:提高建造效率。

(2)设备采办:提高与旧设备的相容度。

(3)旧设备取证:严格按照出厂要求进行取证。

3)建造

强化旧设备的管理,旧设备原场地装车编号,进新场地后按编号排布。

4)运输及海上调试

强调安全和效率,为早日开钻奠定基础。

5)完善设备配套,发挥设备最大潜能

原钻机是一台可搬迁式小模块钻机,工作环境是渤海油田。其结构和作业功能对于文昌13-6模块钻机来说是难以满足的。对此,开展了很多改造与配套工作:

(1)增加了UPS设备,为不间断用电设备提供电力,如图4-1-1所示。

图4-1-1 重新配置的电气控制系统

(2)新增了有源滤波装置,减少了变频设备的谐波对电网及用电设备的影响。

(3)增加了反送电设计,使钻机电网在需要的时候可以向组块供电。

(4)重新整合了电控系统,改造了电控房空调装置,使之适应中国南海高温、高湿、高盐雾工作环境。

(5)在精细核算了用电负荷的前提下,增配了1台F1600钻井泵,满足了本模块钻机钻井作业的要求,如图4-1-2所示。

图4－1－2　增加1台F1600钻井泵

(6)改造BOP吊悬挂平台,避开了钻井液回流管,使BOP吊运行通畅。

(7)重新核算并加固了井架结构,使之能承受南海风载的要求。

(8)完善了钻机工艺,既满足了钻井要求,又符合了《海洋石油安全管理细则》(即25号令)的规范。

(9)优化空压机的布置,使之满足钻机和组块同时作业的工作要求。

(10)规范了模块发电设备的布局,一改原有的分电站模式为集中发电模式,既方便了设备管理,又节省了平台空间。

(11)加长了钻台上底座滑轨,使之满足覆盖井口区的要求。

(12)重新设计—布置了钻机的火气、消防系统,满足了钻机安全需求。

(13)设计并建造了满足本模块钻机需求的钻井泵房、钻井液池、钻台下底座。

经过以上一系列改造与完善,闲置了多年的旧钻机发挥了其巨大的潜能,具备了文昌13－6油田的作业功能。

6)提升设备强度,满足设备南迁作业要求

原钻机的结构强度是以渤海湾油田作业为背景进行设计的,其结构的抗风载能力无法满足南海海域作业要求,为此,对新钻机的结构强度进行了全面的核算,并根据核算的结果对井架、钻台结构件进行了加固,对钻台挡风墙、主绞车顶棚进行了更新,使模块钻机满足了南迁作业的要求。另外,还采用了先进的堵漏工艺,对钻台残留缝隙进行了封堵,大大减少了钻井液对模块结构的腐蚀,如图4－1－3所示。

图4－1－3　加固后的井架和挡风墙

三、严格执行模块钻机现场作业管理制度

(1)现场作业人员定员定岗,保证模块钻机设备管理的连续性。

① 固定项目组成员，锁定各专业负责人及现场作业人员，要求所有项目参与人员熟悉项目设计、重点及难点。

② 锁定具有丰富作业经验的部分队长、司钻及副司钻。

③ 集中湛江作业公司优秀设备管理人员参与该钻机作业，并配置部分有发展潜力学生，实现新老搭配，见表4－1－1。

表4－1－1　文昌13－6平台钻井人员编制

序号	岗位	A班	B班	C班	备注
1	高级队长				2
2	钻井队长				3
3	司钻				3
4	学习司钻				3
5	副司钻				3
6	井架工				3
7	钻工				3
8	钻工				3
9	钻工				3
10	钻工				3
11	钻工				3

(2)建章立制，保证模块钻机作业运行及设备管理制度化、流程化。

① 钻井大班管理制度：大班及时跟进现场作业情况，统一协调安排班组成员工作，弥补了司钻工作中无法实时监控现场人员作业情况的弊端，如图4－1－4所示。

COSL油生湛江作业公司　　　　WC13-6平台钻井B队

文昌13-6平台“钻台大班”管理制度

1　目的

文昌13-6平台建立“钻台大班”管理制度旨在达到：

(1) 有效的围绕以转盘面为中心，同时向其他工作面延伸；

(2) 加强设备巡回检查及设备维护保养执行力度；

(3) 加强现场钻具及井口工具使用和责任区域的管理力度；

(4) 提升整个班组的岗位技能及安全责任意识；

(5) 为现场班组考核提供重要依据。

2　责任划分

2.1　井队钻台大班

(1) 钻台大班是钻台钻工的管理负责人，有权利分配任务给其他几名钻工，同时也是钻台井口工具（包括通径规）的直接管理责任人，向当班司钻负责；

(2) 钻台大班应合理的把具体的工作详细的分配给其他几名钻工，包括但不限于

图4－1－4　文昌13－6平台钻井大班管理制度

② 设备巡回检查制度:将整个钻机模块划分成12个责任区域,明确各区域检查项目,井队各岗位人员按时对巡检区域进行相关项目的检查签到,机电部门也针对单台设备做了专门的巡检项目,如图4-1-5所示。

图4-1-5 文昌13-6平台设备运转记录表

③ 责任区域管理制度:每位员工在区域管理中的责任进行细化明确,并将该项管理制度纳入年度考核,每周检查一次,确保持续推行到位。作业现场环境实现了标准化、规范化和科学化,如图4-1-6及图4-1-7所示。

图4-1-6 文昌13-6平台钻台管理

图4-1-7 文昌13-6平台货架管理

④ 文件管理制度:井队的管理记录一律统一签字存档,按类别制定统一文件夹,方便对前期工作的查阅、了解,同时出现的问题做到有据可查、责任到人,如图4-1-8所示。

图 4-1-8 文昌 13-6 平台文件管理

⑤ 安全监督管理制度:结合现场实际,梳理现场安全管理人员的工作职能,将原本属于各班组的培训任务及安全责任传递到班组当中去,让安全监督有更多的时间到现场去监控风险点,如图 4-1-9 所示。

COSL 油生湛江作业公司　　　　WC13-6 平台钻井 B 队

安全监督管理制度

1 **目的**

为使湛江作业公司钻井 B 队安全监督在安全生产中的发挥作用,促进事业部 QHSE 管理体系的有效实施,特制定本办法。

2 **适用范围**

本办法适用于油田生产事业部湛江作业公司钻井 B 队安全监督、实习安全监督及安全员,本文统称安全监督。

3 **工作职责**

3.1 在作业现场履行监督职能,对现场安全工作进行监督、指导。

3.2 开展法律法规、QHSE 管理体系培训,并跟踪、评估法律法规、QHSE 管理体系在作业现场执行的有效性、真实性。

3.3 开展三项安全管理工具(行为观察沟通卡、安全风险分析单、安全建议)培训,并对三项安全管理工具进行统计、分析及提示。

图 4-1-9 文昌 13-6 平台安全监督管理制度

⑥ 物资仓储管理制度:梳理文昌 13-6 平台模块钻机易损件、关键配件,设备设施配件的采购申请、入库、出库以及物资验收、盘点均建立跟踪机制;针对作业公司内、外部同型号装备,资源共享,建立相应的应急机制,材料相互协调,避免影响作业时效,见表 4-1-2 所示。

表 4-1-2 平台库物资统计汇总表

单位:油生湛江作业公司　　填报日期:________　　金额计量:万元/人民币

月份	事业部	国内物资				进口物资				库存			
		入库凭证		出库凭证		入库凭证		出库凭证		上月库存	本月库存	同期相比	本月物资周转率
		份数	金额	份数	金额	份数	金额	份数	金额				
1月													
2月													
3月													

续表

月份	事业部	国内物资				进口物资				库存			
		入库凭证		出库凭证		入库凭证		出库凭证		上月库存	本月库存	同期相比	本月物资周转率
		份数	金额	份数	金额	份数	金额	份数	金额				
4月													
5月													
6月													
7月													
8月													
9月													
10月													
11月													
12月													
合计/月均库存													

⑦ 作业许可证制度：钻完井作业期间，冷工、热工、重吊等由钻完井内部控制。流程：施工单位提交工单→井队审核→监督组批准。

⑧ 应急计划管理：协同监督组与油田共同制定《文昌 13－6 油田钻完井作业应急响应细则》及《文昌 13－6 油田钻完井安全应急部署表》，明确作业期间不同工况下人员的各自职责，并宣贯到位，严格执行。

⑨ 做好应急演练：定期举行各种应急及安全演练培训如《消防服穿戴与消防设备使用培训》《呼吸器使用培训》《直升机接机培训》，定期举行联合演习等。

四、片区资源共享、陆地技术支持的快速响应

1. 建立模块钻机陆地支持管理团队

(1)支持管理团队包含：油生陆地设备及物资管理人员、事业部技术人员、周边设备维修商、设备厂家技术人员。

(2)支持管理团队负责：跟踪、检查、指导模块钻机设备运转、保养情况，紧急条件下的技术支持，设备备件的跟踪、管理。

2. 建立片区资源共享机制和事业部资源共享机制

与油服基底沟通协调各钻井平台各配件备用情况，建立模块钻机设备、部件在湛江片区设备资源清单，实现资源共享，每周进行跟踪更新同时反馈项目组。

3. 建立快速响应机制

面对模块钻机设备故障，现场与基地快速响应，基地专家团队支持，快速恢复现场作业。

(1)设备保障。

① 召开关于文昌 13－6 平台模块钻机后续运行的会议并形成会议纪要，要求油服油田生产对模块钻机钻井绞车电缆，钻井泵、顶驱等电阻设备进行排查。针对台风、夏季高温、暴雨、

雷电作业工况，制定钻机设备维护保养机制。

② 基地和现场同时协调相关资源，配备充足配件，保障设备的正常运转。

(2)设备管理。

① 平台设备整体处于正常状态，基地和现场同时协调相关资源，配备充足配件。

② 针对钻机设备故障，建立相应的应急机制，协调相关资源保证配件充足，协调设备、电气专家作为技术团队亲临现场诊断、决策，保障作业顺利进行。

第二节　现场作业风险管理

一、钻进作业

钻进作业风险分析与安全措施见表4－2－1。

表4－2－1　钻进作业风险分析与安全措施

基本工作步骤	风险分析	安全措施	负责人
1. 检查钻井设备	设备运转过程中会出现故障而导致出现井下事故和人身伤亡事故	各岗位认真检查，了解各相关设备结构性能/工作状态和作业前的所注意事项	作业队长设备工程师
2. 交接班	交接班不清会造成设备或井下事故	交接班要详细，有异常情况要说明白	作业队长
3. 检查防碰天车装置	操作失误，游动系统撞上天车	按要求对防碰系统进行功能试验，确保系统正常工作	司钻
4. 低泵速试验	钻进中会出现井涌及井喷	按要求记录低泵压试验结果	司钻
5. 接立柱	井下静止时间过长，造成卡钻事故	按要求划眼循环确认井下正常后才能接立柱，各岗位操作要配合默契	司钻
	首先应该确定要接的钻具是什么，否则接错钻具造成井深计算上的错误；游车扣好吊卡以后，下放时游车喇叭口压到钻具接头将接头甚至整柱钻具压坏；扭矩上不够，造成钻进时钻具脱落或者粘扣；接好扣以后，上提游车碰到防碰天车刹把伤人；开泵时太猛，将喷嘴憋死或者阀门没有导通憋泵	明确接入的钻具，每钻完一柱应该在钻具表上做好标记；防止碰到防碰天车；开泵前要打开上阀或者检查相关阀门，开泵不要太猛，等泵压升高后，将冲数调整到设计值	司钻
6. 对扣	下放游车时如钻杆不对正会造成钻杆顶喇叭口而损坏设备	平稳操作，看清监视器显示屏，注意观察指重表	外钳
7. 坐钻杆卡瓦	游车下放过快，损坏钻具和卡瓦	游车下放要匀速，坐卡瓦时与司钻配合好	内钳
8. 二层台扣钻杆	井架工操作前未系保险带，从二层台摔下；扣钻杆时活门未到位，钻杆倒出，损坏设备	高空作业，要严格执行平台《高空作业管理规定》；加强责任心，确保钻杆的扣合	架工
9. 紧扣	上扣过紧或过松会损坏钻杆或造成井下事故	按规范要求上扭矩	外钳

续表

基本工作步骤	风险分析	安全措施	负责人
10. 提卡瓦	配合不当或动作不规范会扭伤	提卡瓦时要齐心合力,注意动作姿势	内钳
11. 开泵	闸门未倒对会造成憋泵损坏设备及伤及人员	确认循环通道,然后由小到大逐步开泵,注意观察泵压表变化	司钻
12. 正常钻进	出现井涌或井喷、井下事故如卡钻、井下落物、钻具断裂、掉牙轮、水眼堵塞、钻具刺漏等会造成该井报废	平时加强防喷演习,钻进时注意观察钻进参数及钻井液出口的变化情况,保证流体监控设备处于正常工作状态,如发现有井涌等异常情况,按《井控程序》执行,注意观察钻井参数变化,出现异常情况认真分析,正确处理,保证井口区干净,检查好井口工具	司钻
	钻进过程中,顿钻;钻压加不均匀,缩短钻头的寿命,也不利于井眼的规则	注意加压过程	司钻
	表层钻进注意转速不能太高,否则会出现大井眼;排量太大,出现大井眼;排量太低携砂太少卡钻;接立柱速度要快;一直不替高黏,沉砂太多埋住钻具	钻进过程中,一切措施和参数根据作业指令完成	司钻
	使用牙轮转头,新钻头不经过磨合就直接加大钻压使用,造成钻头寿命大大降低	使用新钻头时,要注意低钻压低钻速磨合牙轮钻头	司钻
	使用 PDC 钻头,扭矩变化幅度较大,将钻头倒掉或者在其他薄弱环节倒开或者憋泵	注意将扭矩憋回原来大小再起游车	司钻
	使用马达钻进,不注意泵压变化,钻压太高将马达憋死,影响马达寿命甚至憋坏马达	马达钻进时要注意泵压变化情况,一般马达工作压力是循环压力基础上的 300 ~400psi	司钻
	使用 MWD 钻进,钻具中放有过滤网,接立柱时忘记取出,出现井下复杂情况将进一步使得境况恶化或者不下过滤网,将 MWD 损坏造成不必要的损失	使用 MWD 钻进时,切记正确使用过滤网	定向井工程师
	定向井作业中,使用马达滑动钻进时间太长,造成卡钻	定向井作业注意滑动时间和转动时间要交替进行	司钻
	没注意到钻井液加材料、补浆或者泵的上水不好造成泵压变化,误判为井下状况异常,错误的信息导致错误的措施,造成资源浪费	钻进期间,钻台和泵房之间要经常沟通,有问题立刻互相联系	司钻 副钻
	钻进中不注意出口流量、钻进速度的大幅度变化,耽误了井下状况的判断,造成井漏、井涌进一步发展为井喷恶化为井喷失控,后果不堪设想	钻进过程中,留神各个参数的变化,出现异常立刻反应	司钻

续表

基本工作步骤	风险分析	安全措施	负责人
13. 钻完一个立柱划眼	游车起得太高，造成钻井大绳剪断，游车和钻具摔下来；损坏钻具或者卡瓦没有绑绳子冲开卡瓦，钻具落井；坐卡瓦太快，夹坏钻杆；接立柱没有关泵，高压钻井液击伤人员；卸扣时没有完全卸开便起游车，崩坏螺纹	起放游车系统要注意游车的位置和速度，并确保防碰天车有效；坐卡瓦时下放速度要慢	司钻
14. 定期进行井控演习	井控失败，引起重大事故	通过演习，提高员工井控意识，达到安全生产目的	平台总监

二、下套管作业

下套管作业风险分析与安全措施见表4－2－2。

表4－2－2　下套管作业风险分析与安全措施

基本工作步骤	风险分析	安全措施	负责人
1. 取得高空作业许可证			套管队队长
2. 钻井绞车（包括大绳，链条，刹车）	如死绳感应器，刹车效果不好，链条及其他相关部件状况不佳。容易出事故	对钻井绞车全面检查，必要时切割大绳	司钻
3. 套管扶正器，井架	扶正台不灵活，容易出事故，套管柱悬重可能很大，井架状况不好，容易出事故	检查活动，清理扶正台，固定，清理井架上松动多余物品	架工
4. 游车，大钩	由于悬重可能很大，性能状态不好，容易出问题	对游车，大钩，检查润滑，确保其各零部件性能良好	司钻大班
5. 吊车刹车装置检查	制动失灵发生伤人和砸坏设备、设施事故	检查试验确保正常	吊车司机
6. 吊车限位装置检查	限位失灵发生事故	检查试验确保有效	吊车司机
7. 吊车钩头保险销检查	绳套易弹出发生事故	检查确认其处于正常位置	吊车司机
8. 吊索检查	索具不好或与吊重不匹配而断裂或绳套不等长造成事故	检查索具的断丝、磨损、锈蚀和弯曲是否超标，确保符合安全要求	水手长
9. 卸扣检查	安全性差出现意外	检查其是否过度磨损、变形、损坏	水手长
10. 通信设施检查	联络不畅无法沟通信息，意外情况下反映时间滞后出意外	提前检查储电量及通讯工具性能。保持其有效好用并随时沟通信息	领队 水手长
11. 场地检查	杂物绊倒人员或积水、钻井液等滑倒人员	清理现场	水手
12. 工具准备及检查	工具不符合作业条件造成事故	提前做好工具准备并进行安全检查及保养	领班

续表

基本工作步骤	风险分析	安全措施	负责人
13. 气动绞车	绞车钢丝绳断裂，琵琶头断裂，造成事故	检查钢丝绳和琵琶头，钢丝绳要排整齐	司钻
14. 开安全技术交流会	缺乏沟通，容易出问题	专业人员与井队人员相互沟通，技术问题要讲清楚，井口操作严防井下落物，司钻视线要清晰，操作要平稳，注意扶正台，套管吊上钻台时，捆绑要牢固，有专人指看	队长
15. 套管编号	编号不清楚，容易弄错，出现管柱不符合要求	查清楚编号，浮箍，浮鞋要检查，每下入根数要核对编号，长度	队长
16. 井口工具，液压大钳	井口工具不符，容易出问题	检查井口工具各安全销，钢丝绳，更换大吨数吊具时要在外层套管进行	队长
17. 吊套管上钻台	套管吊索断裂砸伤人员和设备或者套管摆动伤人、编号弄错	上下配合、勤检查、精心操作、互相关照、司钻做好套管表上的编号对照	水手长
18. 用吊车将套管送到钻台	站在钻台大门容易被正在送上钻台的套管撞倒	使用尾绳，由一个人指挥吊车，人要站在钻台大门的两旁	副钻
19. 在吊车和气动绞车的帮助下，将套管扣在吊卡上	碰伤手和脚；钢丝绳选择不当，钢丝绳断裂；钢丝绳滑脱	扣上吊卡，插上安全销，注意手的位置；不要站在套管下面；扣吊卡时要面对大门	司钻
20. 抹丝扣油	刷子掉入套管内	对扣前将螺纹油涂好	外钳
21. 对扣	伤人手指或下放过猛压坏螺纹和设备或上扣错扣	司钻精神集中，头脑清醒，平稳操作。下套管人员要相互配合关照	内钳
22. 上扣	强行上扣错扣或大钳摆动伤人	液压大钳要拴好尾绳，操作要平稳小心	油服完井
23. 回收钻井液	钻井液池满造成窜池或漏失	认真检查回池管线，及时倒换钻井液池	钻井液工程师
24. 坐卡瓦	夹伤手指或卡瓦损坏造成井下落物	井口操作熟练配合，注意观察卡瓦工作状况	内钳
25. 灌浆	灌浆量不足时，管柱浮力过大，下放困难和内外压过大，挤压回压阀	保持足够的灌浆量	外钳
26. 下套管途中	出现阻卡、井漏、井涌等险情	明确管柱最大允许拉伸负荷，检查阻流管线阀门。检查钻井泵，确保性能良好，随时工作状态。准备好变扣接头，动力瓶，备用瓶，压力要充足	司钻
27. 井下复杂情况	下入速度太快，井径太小，钻井液黏度过高，造成压力激动，压漏地层，造成井漏、井喷、井垮事故；下套管时遇阻、遇卡	严格控制下放速度太快，造成压力激动，下套管前要通好井，保证足够大的井径，并处理好钻井液性能；一旦造成井漏，要及时接上循环头往井内灌注钻井液防止井下进一步恶化；如果遇上井喷，应快速接上循环头，按照下套管井喷关井程序关井，并做好记录工作，采取下一步措施；下套管遇阻时不能强行下放太多悬重，以免卡死，应及时接上循环头循环通井眼，边开泵边下放	司钻

三、固井作业

固井作业风险分析与安全措施见表4－2－3。

表4－2－3 固井作业风险分析与安全措施

基本工作步骤	风险分析	安全措施	负责人
1. 取得《特殊作业许可证》	高压，实验，管线破裂伤人事故	严格按试压程序进行操作	固井工程师
2. 检查钻井泵	故障，上水效率低下，造成固井失败事故	检查钻井泵的电动机、传动部件、保险阀门、泄压阀、液力端各部件、灌注泵，做泵效测试，并记录好，做压力测试，并记录	副钻
3. 检查固井泵、固井管线、搅拌器、供给泵	固井泵故障，上水不好，管线破裂，搅拌器，供给泵故障，造成人员伤亡，造成固井失败等重大事故	按检查钻井泵程序检查固井泵，固井泵管线试压应根据要求而定，检查搅拌器四叶轮、传动皮带、电动机、供给泵的电动机、泵头等，试压时严格按《试压程序》进行	固井工程师
4. 检查吹灰系统	系统故障，水泥供应不足，造成中途失败等事故	检查加压部件、管线、闸门	固井主操
5. 检查通信系统	系统故障或信息不清楚容易造成误操作耽搁时间，给固井造成失败	检查钻台、钻井泵房、固井泵房的通信系统	固井工程师
6. 作业交底会	配合不好，容易出问题	各单位之间进行沟通，明确各自岗位，确保相互之间良好配合	固井工程师
7. 下完套管后循环	易出现挤漏地层	泵压、排量要严格按指令要求执行，开泵要缓慢	固井工程师
8. 制定防范措施	措施不明确，出现紧急情况时应付不对	对可能出现的应急情况有充分估计，如水泥供应中断，水钻井液短路，固井后井涌等	固井工程师
9. 通风系统，劳保用品	通风不好，劳保用品不足造成人员伤亡事故	检查固井泵房风机、叶片，获取足够的口罩、耳塞、防护眼镜、胶手套等	固井工程师
10. 倒阀门	误操作造成井下事故	明确作业程序，操作人员应对作业有明确了解	固井工程师
11. 泵送固井液	管线破裂或渗漏影响作业；泵房或钻台阀门倒换错误造成固井液泵送量无法计量	泵送时注意巡视；倒阀门要仔细检查，确认无误	固井工程师
12. 顶替水钻井液	钻井泵顶替时替量计数不准造成钻杆灌满水泥或替空套管鞋影响固井质量；泵压过高压漏地层	确保阀门倒换正确；按固井设计要求顶替；注意泵压，防止压漏地层；注意检查回流	司钻
13. 替出多余水泥	循环不及时造成钻杆固死；泵压过高压漏地层	按设计正循环或反循环替出多余水泥及清洗钻杆；控制循环泵压	司钻
14. 拆固井管线	操作不当造成人员伤害、有回压造成水钻井液反流回套管	规范操作、相互提醒、拆除前检查有没有回压	固井工程师

续表

基本工作步骤	风险分析	安全措施	负责人
15. 清洗固井管线	如果不进行清洗,固井管线里遗留的水钻井液日后会堵死固井管线造成严重后果	做到每次替完水钻井液都进行管线清洗	固井工程师
16. 候凝	候凝时间不够导致套管倒扣	在钻水泥塞之前一定要达到候凝时间	固井工程师
17. 固定管线	固井过程中管线抖动伤人	管线固定,专人观察,保持通信设备畅通	固井工程师

四、井控作业

井控作业风险分析与安全措施见表4-2-4。

表4-2-4 井控作业风险分析与安全措施

基本工作步骤	风险分析	安全措施	负责人
1. 关井	不正确的关井方法、会造成B.O.P闸板、万能芯子损坏	平常检查确保阻流管汇各闸门在相关位置,熟悉《井控程序》	司钻
2. 报告钻井监督,记录相关数据	不及时报告,可能造成错失压井良机,不及时记录会漏失压井相关数据	关井后第一时间报告钻井监督,记录套压、钻杆压力、钻井液池增量,对装有浮阀的钻具,应开泵求得	司钻
3. 压井液	没充足压井液,关井时间过长,造成套压过高	平时应保持有一定量的密度较高的钻井液,关井后钻井液工程师应及时组织人员配制相应当量液度的完井液,尽可能快	钻井液监督
4. 密切观察套压变化	套压很可能升高,对井口B.O.P组、地层、套管造成损坏	不能让套压达到以上最小压力,必要时调节节流阀控制,在没有充足压井液时,应按钻/完井总监指令采取相应步骤缓和套压升高的可能性	队长
5. 钻台、泵房、振动筛房	可能存在有毒、可燃性气体	关井后,及时通知船长检测以上区域,钻台保持三名以上钻工,撤离振动筛房所有人员,泵房保持有足够人员配浆,必要时戴上呼吸器,关掉不防爆的电器设备(空调器),启动通风设备	队长
6. 压井过程	调节节流阀和操作钻井泵不协调,造成井漏、套压过高对井口、套管、B.O.P组损坏	压井过程中保持一个人开泵,同时一个人看守节流阀,保持协调,泵速要缓慢到达预定泵速	队长
7. 守护船	可能井控失败,压井液不够	通知值班船上风守候,吊运压井液急需材料	监督
8. 应急中心	井控可能失败,井喷无法控制	安排专人观察井口附近海面有无气泡及异常情况,通知基地应急中心研究各种可能遇到的问题,研究解脱防喷器上连接器和钻井平台移位的可能性,锚泊系统处于随时可用状态,研究撤离第三方人员必要性	总监作业队长

五、从拖轮输钻完井液

从拖轮输钻完井液风险分析与安全措施见表4－2－5。

表4－2－5 从拖轮输钻完井液风险分析与安全措施

基本工作步骤	风险分析	安全措施	负责人
1. 工作前检查	周围没有热工作业	只能在白天转移合成碱，否则要经作业者同意。检查热工作业许可证。遵照SBM. 02&11工作程序	水手长
2. 检查装载站和软管，并对其进行试压	可能会泄漏	确保通向钻井液池的所有装载阀都是关闭的，软管和通向钻井液池的阀门也是关闭的	水手长钻井液工程师
3. 将输送软管连接到船上	可能外溢。确保拖轮做好了接收软管的准备	所有阀都是关的，软管周围无障碍物，拖轮在良好的状态下漂浮	水手长
4. 开始输送钻完井液	洒出。阀门没有打开。软管上有孔，在与船连接处发生泄漏。平台上阀门打开不当	通往钻井液的所有装载阀都是打开的。其他的阀应该是关的。值班人员手持对讲机对软管和装载阀进行监视，若有疑问立即停泵	钻井液工程师
5. 输送结束	洒出，拆开软管时阀没有正确关闭	拖轮排干净管线，所有的装载阀要关闭	水手长
6. 将软管收回平台	洒落。软管会被弄断	吊车司机保证软管不被拖轮挂着	水手长
7. 作业完成	洒落。钻完井液被泵到罐外或平台外	所有阀门关闭，系统恢复到正常作业状态	水手长

六、钻井液钻进作业

钻井液钻进作业风险分析与安全措施见表4－2－6。

表4－2－6 钻井液钻进作业风险分析与安全措施

基本工作步骤	风险分析	安全措施	负责人
1. 使用前检查	泄漏	使用前检查管线是否有损伤，阀门倒换是否正确，确保无泄漏；并检查防止钻井液被混入污水造成污染	钻井液工程师
2. 钻进作业	循环系统跑冒钻井液入海，造成环境污染	循环系统需进行必要的改造，净化系统要有人值班看守，发现异常及时检查汇报	副钻
3. 工作区域内人员操作	滑倒摔伤，对眼睛和皮肤造成伤害	工作区域配备防滑垫、清洁剂；操作人员佩戴防护眼睛、防油手套等防护用具	队长
4. 钻井液使用区域内进行动火作业	造成火灾或爆炸	严格执行动火报告申报制度，按照安全要求执行	队长

七、热工作业

热工作业风险分析与安全措施见表4－2－7。

表4-2-7　热工作业风险分析与安全措施

基本工作步骤	风险分析	安全措施	负责人
1. 填写《作业许可证》和《热工作业单》并申请报批		每次热工作业前施工方需填写《作业许可证》和《热工作业单》申请单	生产监督
2. 对《作业许可证》和《热工作业单》进行审查批准		生产监督对动火许可证内容进行审查，签字确认油田总监进行审查批准	作业队长 生产监督
3. 现场作业	无人监督守护，发生火灾爆炸	生产监督到施工现场检查，对施工周围进行可燃气测爆，未达要求不准施工，现场作业需有人监护，并备有手提式灭火器，若施工延时或超时，施工环境改变，应重新办理《作业许可证》和《热工作业单》	生产监督队长
4. 作业结束	残留火种，造成火灾	作业结束后，生产监督到现场监督施工方及时消灭火种，清理现场，确信没有问题才可撤离，并向现场监督报告施工结束	生产监督队长

八、硫化氢防护

硫化氢防护风险分析与安全措施见表4-2-8。

表4-2-8　硫化氢防护风险分析与安全措施

基本工作步骤	风险分析	安全措施	负责人
1. 作业人员取得防硫化氢作业培训证书		作业人员均需进行防硫化氢技术的培训，并取得防硫化氢安全作业合格证书	队长
2. 可燃和有毒气体警报装置	可能损坏或失效，有情况发生却不报警	定期进行检查，确保其正常工作	队长 生产监督
3. 作业前进行硫化氢防护演习		进行演习，让每个人明确自己应急程序下的岗位和职责	队长
4. 可能含硫化氢井的钻进作业	硫化氢逸出，造成人员中毒	平台应配有呼吸器和防毒面具，便携式气体检测仪，以及防硫化氢钻井液处理材料，如碱式碳酸铜等。 作业前做好技术交底和应急程序，值班船在上风头守候，录井人员发现钻井液中含有硫化氢立即向司钻和现场监督报告，司钻接到报告后应立即采取人员防毒措施，避免人员中毒	队长 生产监督

九、修理钻井泵作业

修理钻井泵作业风险分析与安全措施见表4-2-9。

表 4-2-9 修理钻井泵作业风险分析与安全措施

基本工作步骤	风险分析	安全措施	负责人
1. 司钻把电源切换到泵房操作盘,并停泵	泵在司钻放被启动	泵要切换到只能在泵房的遥控盘进行操作,当不用遥控操作时,要把开关销死	司钻
2. 销死泵电动机,获取许可证/电工在可控硅房隔离电源	泵在泵房或司钻控制盘被启动	销死泵,为了保险起见作功能试验	副钻
3. 打开放卸管线,关闭泵的高压排出阀	憋压,钻井液和化学品灼伤	确保排污阀打开,排出阀关闭	副钻
4. 移去液力端盖和阀承托环	背部伤害,手指被挤,被榔头击伤,滑倒,物体掉落	移动端盖和承托环时,不要过力。抡榔头时,站的姿势要正确,打榔头时要站在一边,清除障碍五以免绊倒,时刻来清洗钻井液	副钻
5. 移去弹簧和阀,装好阀取出器来取出阀座	热钻井液和化学品灼伤,阀座拔出器弹簧蹦出而伤人,高压喷出,手指挤伤	确保手指不要被压在拔出器下,确保阀座拔出器状况良好,使用前要不缺板牙,用水来冷却设备、冲洗钻井液,蹦出阀座时要远离	副钻
6. 清洗阀座周围,装入新的阀座	被榔头击伤,滑倒,化学伤害	站在打榔头者的一边,冲洗工作场地周围的钻井液打榔头时站位正确,确保阀座放入正确	副钻
7. 装入新的阀和弹簧		检查阀和弹簧,要正确放入	副钻
8. 更换阀承托环和盖子,用榔头打紧阀盖	背部伤害,手指被挤,榔头击伤	以正确的姿势来打榔头,不用榔头时要站在一边,装承托环和罩子时不要用力过猛,从上部来提承托环和罩子,不要把手指放在下面	副钻
9. 关闭排污阀,倒管线阀门至钻井状态	阀不能被正常关闭,阀打不开,阀刺漏,安全阀失效	确保所有阀门连接正确,提醒司钻缓慢的启动泵,必要时监视压力变化	副钻
10. 拔出电动机开关锁销,将电源切换到钻台	电路故障,机械故障	拭泵,检查有无刺漏,听阀运转是否正常,监视压力	副钻

十、钻开油气层作业

钻开油气层作业风险分析与安全措施见表 4-2-10。

表 4-2-10 钻开油气层作业风险分析与安全措施

基本工作步骤	风险分析	安全措施	负责人
1. 钻井仪表检查	仪表不准或不工作时不能及时发现井涌和井喷	检查试验确保工作正常	司钻
2. 储能器、防喷器检查	井涌时不能快速关闭防喷器导致更严重后果	检查试验确保工作正常	队长

续表

基本工作步骤	风险分析	安全措施	负责人
3. 考克和钻杆内防喷器检查	起钻发生井涌不能正常工作导致井喷	检查试验确保工作正常	队长
4. 阻流管汇和闸门检查	发生井涌开关不灵活延误时间造成井喷	试压和检查开关是否灵活好用	队长
5. 可燃气体和 H_2S 气体探测装置检查	警铃不工作,无法沟通和传达信息出现人员和设备损失	试验确保工作正常	队长
6. 检查防毒面具、空气呼吸器	当井内产生 H_2S 等有毒气体时,对人员造成伤害	钻开油气层前,按要求检查防毒面具和空气呼吸器,并进行防 H_2S 演习	队长
7. 消防、救生设施检查	性能不好或缺少造成事故	严格按要求做低泵速试验和地漏试验,并记录好试验数据	队长
8. 低泵速试验,地漏试验	数据不准造成压井失败	储备足够数量的加重材料和堵漏材料	司钻
9. 检查重钻井液、重晶石和堵漏材料的储备情况	不能及时控制井下复杂情况,造成人员和财产的损失	控制钻速,注意钻井参数变化,特别是钻井液返出流量,钻井液池液面,气含量变化	钻井液工程师
10. 钻油气层	易发生井涌	按规定进行防喷演习,并认真填写压井施工单	队长
11. 检查吊车、吊篮	吊车故障、吊篮断裂造成事故	检查吊车液压系统、限位装置、吊篮的绳索、吊篮内至少配备5个以上救生衣	队长
12. 检查锚泊系统	系统故障、在紧急移位时链轮有火花造成火灾事故	检查锚泊系统的液压动力设备,确保万无一失,锚机周围应装配有足够排量的消防水管	队长
13. 检查风向标	风向不明,给人员造成错误的撤离方向,造成人员伤亡事故	检查船上所有风向标,必要时更换风向标	队长
14. 检查海水供给泵	海水供给不足,给引流放喷、压井带来麻烦,造成事故	检查海水供给泵的电动机、泵体,确保有两台以上海水供给泵处于良好状态	队长
15. 检查钻井泵	引流放喷大排量循环时出现故障,给作业造成困难	检查钻井泵的电动机、液力端、传动系统、灌注泵等所有部件,确保三台钻井泵处于良好状态	副钻
16. 检查引流放喷系统	系统失灵,造成井喷事故	检查转喷器芯子系统、左右舷放喷阀、放喷管线,确保良好状态,畅通无阻	队长
17. 检查警报系统	警报失灵,出现危险时,没能及时发出警报,造成人员伤亡	检查船上的警报系统	队长
18. 检查钻井液监测系统	系统失灵,井涌时没显示,造成事故	检查所有相关的钻井液监测仪器	队长

续表

基本工作步骤	风险分析	安全措施	负责人
19. 配好压井钻井液	压井钻井液不足时，造成井下事故	作业前应配有足够量的压井钻井液，量的多少按井筒容积算	钻井液工程师
20. 制定风险防范措施	没有足够的防范措施，一旦出现险情时无从适应	制定一幅完善的防范措施，明确各岗位人员的职责，平台上应保持尽可能少的人员	队长
21. 执行热工作业许可制度	在可能存在可燃气体区域进行热工作业，造成火灾事故	油漆工、焊工作业时一定要申请《作业许可证》和《热工作业单》	队长
22. 钻进、起下钻	溢流、井涌、井喷、抽吸、造成事故	钻进时出现溢流、井涌，应按制定的措施进行引流放喷，没有得到指令切勿关井，起钻前应执行15min的溢流检查，控制起钻速度，若有灌浆不正常、抽吸等现象，下钻回井底，循环再起钻，下钻也要控制下放速度，若有不正常现象应迅速接上旋塞，接顶驱	司钻
23. 选用合适的浮阀	不符合标准的浮阀一旦出现险情时，气体会排空钻具内钻井液，造成处理井涌、井喷时难度加大	选用合适的浮阀，检查阀销、弹簧、密封、阀板，要求不带孔的	队长
24. 安全演习	岗位不明确时，易出问题	开钻前应组织各类演习，作业中途也可组织安全演习，演习时应有针对性	监督队长

十一、试压作业

试压作业风险分析与安全措施见表4－2－11。

表4－2－11　试压作业风险分析与安全措施

基本工作步骤	风险分析	安全措施	负责人
1. 获取许可证，召开班前会			队长
2. 正确的联结管汇和高压旋转接头，必要时安装循环头	肌肉拉伤，榔头摇晃，接头松动，（连接扣型）手指被挤，落物砸伤脚。保险绳悬挂起，测试管线断开，试压管线错接	使用科学的提升方法，使用一个状况良好的榔头，抓牢其柄。站位合适，确保管线正确连接，在高压旋转接头/循环头上加装保险绳	队长
3. 安放警示标识和广播通报	通信不好，不能使所有的人听清全船广播	重复广播，检查确认警示标识够用	队长
4. 试压	高压刺漏，管线或接头破裂，压力表读数不正确，通信不便，卸开接头时把还有压力的管线误认为已经卸压	站在一边，不要超过工作压力，保持良好的通讯，开始工作前检查压力仪表	队长
5. 拆下或更换管线	压力分力，未放压，榔头摇晃通信不好，物体掉落，手指擦伤	没有接到口头通知，不要卸拆，确保管线内没有憋压，全部放压，站位远离榔头，保持良好的工作环境和通信联系	队长

十二、提/坐卡瓦作业

提/坐卡瓦作业风险分析与安全措施见表4－2－12。

表4－2－12　提/坐卡瓦作业风险分析与安全措施

基本工作步骤	风险分析	安全措施	负责人
1. 召开班前会			司钻
2. 检查转盘卡瓦	卡瓦歪倒砸伤脚	确保卡瓦的位置不使其翻倒；破损的轴结，销子和松动的部件	司钻
3. 提卡瓦	颈部和背部的肌肉拉伤，手指被挤伤，由于卡瓦翻转而造成脚伤	采用合理的提卡瓦姿势（靠腿部弯曲，不要弯腰）；手掌心朝上来提卡瓦把；手抓瓶把时，脚站位要好；提卡瓦前，另一只手扶住钻杆；放卡瓦时要确保其不翻到	司钻
4. 坐卡瓦	手指挤伤，肌肉拉伤	当钻杆的下放运动停止时，再把卡瓦放入补芯。用螺纹油润滑补芯。司钻控制确保钻杆时刻在中心。屈膝，保持背部挺直。坐卡瓦时也保持掌心朝上	司钻

十三、接钻具作业

接钻具作业风险分析与安全措施见表4－2－13。

表4－2－13　接钻具作业风险分析与安全措施

基本工作步骤	风险分析	安全措施	负责人
1. 确认钻具已经在钻具平台上排好，召开所及人员的班前会	不能把钻具滚上坡道，背部拉伤。对工作范围和所潜在的危险缺乏了解	责任人检查确保钻杆已经正确排好，鼓励全体人员投入工作	司钻
2. 准备好所有提升工具，擦螺纹，确保甲板和钻台的滑道盖上保护板，不要安装快绳	安装失败，被冲蚀	检查所有提升设备处于良好状况，若时间允许，在提起钻杆之前先清洗和检查螺纹和密封面	司钻
3. 钻杆提到大门之前，先滚上坡道。用卷扬机进行提升给操作者以最大的视野，坡道上最多只能立9根单根	被撬棍击伤，手指、手、脚被挤伤；膝部缠绕绊倒的危险	确保钻杆已放上坡道，移动钻杆时要当心橇杠，示意把钻杆提起之前要戴好护丝，清除障碍，合理的储存卸下的护丝	司钻
4. 用拴有绳子的通径规给管柱通径、清洗和检查内螺纹	通径规被卡，脸部和眼睛伤害	检查绳子，确保气拴牢通径规。清理螺纹时要小心，穿戴好个人防护用品	司钻

续表

基本工作步骤	风险分析	安全措施	负责人
5. 把清洗和已通径的单根放入鼠洞，卸去螺纹，放入吊卡中。提起单根按规定的扭矩上扣，组装钻柱	被管柱撞击，气绞车钢丝绳飞上天车，被挤压的危险	气绞车操作手和扶钻杆者要注意转盘和天车的位置，扣吊卡人员要当心，不要把大拇指卡入吊卡内，检查钻杆外螺纹端完全脱离鼠洞，用大钳时要特别当心	司钻
6. 遵照上述作业程序继续接管柱	被管柱击伤，卷扬机钢丝绳上天车，掉入小鼠洞	所有人员要对其工作任务细心，采用防滑设施，保持工作区免遭绊倒的危害，例如卸护丝。必要时停止作业维护设备	司钻

十四、甩钻杆作业

甩钻杆作业风险分析与安全措施见表4－2－14。

表4－2－14 甩钻杆作业风险分析与安全措施

基本工作步骤	风险分析	安全措施	负责人
1. 召开班前会	对工作程序不熟悉	钻台甲板人员都要熟悉工作内容	队长
2. 准备和检查所有设备：水龙头、提丝、卡瓦、大钳、牙板、卡环、大钳尾绳、旋扣钳、气绞车钢丝绳和控制手柄、卸扣和上扣尾绳，大钳和旋扣钳悬挂绳、气绞车联结管线，以及合适的钻井液补给罐和钻井液桶	工作场地拥挤，物体掉落，摇晃，井喷，肌肉拉伤，站位错误，挤伤/擦伤手指和手、钻台和钻杆甲板间通信不便，地面滑以及由于钢丝绳或悬挂绳断裂造成液体入眼睛	彻底的检查和维修/更换所需设备，保持良好的通讯和场地整洁，使用正确的提升技能，必要时停工打扫甲板，时刻戴看防护镜，在水龙头和气绞车上安装定位卸扣	队长
3. 打重钻井液			副钻
4. 卸掉第一单根放入小鼠洞	如果牙板滑动被大钳撞击，脚滑入鼠洞	握稳大钳，确保大钳处在钻具合适的位置，在暴露的鼠洞旁使用防滑系统	司钻
5. 在钻杆顶部带上护丝，把其甩到甲板上	卷扬机绳阻碍或撞击水龙头，护丝不能正确带上，钢丝绳不能恰当地排在滚筒上，钻杆摇晃。甲板人员没有注意到放下地单根，滑倒、绊倒、摔倒	仔细检查卷扬机绳索，确保恰当地排在滚筒时。钻台和甲板间保持良好地通信，确保钻台/甲板区域清洁，无障碍	司钻水手长
6. 在甲板卸掉内螺纹护丝，用卷扬机拉上钻台	挤伤手指，被钻杆击伤，绳套解开前提升卷扬机，卷扬机绳索和绳套被挂，撞击或飞上天车	使用钻杆撬棍时要双手握持，移动橇杠时站在安全地位置，卷扬机起升之前确保绳套已经移开，确保站在大门口前的人能够协助卷扬机把绳索拉上钻台	水手长

十五、滑移和切割钻井大绳作业

滑移和切割钻井大绳作业风险分析与安全措施见表4－2－15。

表 4-2-15　滑移和切割钻井大绳作业风险分析与安全措施

基本工作步骤	风险分析	安全措施	负责人
1. 在开始工作前先取得动火许可证，并准备好工具	由于失误或工具的不安全而造成的伤害	检查井口气体，确保所有工具处于安全、可用状况	队长
2. 钻杆坐上卡瓦，在顶端装上 TIW	背部拉伤，伤手	检查确保阀门处于开启状态	队长
3. 下放游车到悬空位置，派两个人戴上安全带进行高空作业，架工把悬挂绳放出一端给吊笼内的人员	被放空的绳子击伤，安全带被缠在游车上	用引绳末控制悬空绳，绞车操作者要保持高空作业者时刻在自己的视野内，作业者在安装卸扣时要小心谨慎	队长
4. 移开绞车的前盖，拆除死绳头部位的夹子	背部拉伤，被工具击伤，死绳头周围空间有限	两个人来操作前盖，确保留出空间，免遭绊倒的危害，榔头锤击时，手要离开扳手，用油麻绳	司钻
5. 标出要切割的圈数，在钻台上移出圈数	被大绳的毛刺带入绞车，绊倒和背部拉伤	不要徒手滑动大绳，保持工作场地清洁，站在合适的位置，在打开盖的绞车周围要当心	司钻
6. 用气割/水力割刀来切割大绳	着火，燃烧，被大绳击伤	穿上劳保，监火人在一旁要持水龙头和灭火器，确保绞车一端的绳头不要打拧	焊工
7. 从绞车端把大绳打结，把大绳装入滚筒，在拴紧之前确保钻井大绳用楔块定位	着火，当把大绳插入滚筒时被其击伤，夹住手指	往绳头上浇水，两人一起把绳头插入滚筒，抓牢绳头，其余的人清理场地，并且用滚动套保持钻井大绳缠上滚筒，用橇杠使楔块就位	队长
8. 架工或责任人在司钻把新绳缠上滚筒时负责联系甲板电机和气绞车之间的信号	缠绕速度过快，大绳跃出滚筒槽，大绳挂起游车	保持固定的速度，派人监视滚筒并用锤子敲击大绳，司钻注视看指重表	架工
9. 当滑移结束，安装绞车盖和死绳爪	背部拉伤，空间局限，被物体撞击	合理的提升技术，手离开易受伤区域，用扭矩扳手上固定器螺栓上到 450ft/ibs	队长
10. 司钻启动游车观察悬重，在死绳固定器上用油漆做上记号以防滑移，高空作业人员把保险绳放回原位，架工辅助把悬挂绳收起	物体掉落，夹挤和带入伤害，设备损坏，死绳头在滑轮的固定爪内磨损	司钻确认螺栓已经拧紧，在放开保险绳之前先检查死绳，设定防松动装置，架工协助做好防护，当把卸扣松开时，不致松动，确保止动销拴牢	司钻
11. 工作完成后，用吊车把割下的大绳从钻台吊走，打扫场地，把工具放回原位，把供气装置从钻井滚筒上拿下，活动刹车系统	落物，氢氧混合发生爆炸当移开固定物后，大绳滚出槽外	用合适的吊具来吊运废大绳，入库前清除焊渣，司钻确认空气管线已经从滚筒上移开	司钻

十六、组合钻具作业

组合钻具作业风险分析与安全措施见表4－2－16。

表4－2－16 组合钻具作业风险分析与安全措施

基本工作步骤	风险分析	安全措施	负责人
1. 召开准备会议			队长
2. 测量内容：钻链，扶正器打捞颈和扶正器	管状物可能移动，滚动而压伤手脚	塞单活动件	队长
3. 提起管柱前清洗螺纹	柴油溅洒，滑倒伤害。柴油接触皮肤造成皮炎和眼睛灼伤	工作、清洗时要当心分离物PVC手套和防护眼睛	队长
4. 提起管柱	被立在大门前的管柱撞击或压伤	拉上标识线，吊车正确止动。不要站在管柱和栏杆之间，保持大门口不放其他设备	队长
5. 管柱通径	被滑落的通径规砸伤	不要使身体的任何部位在管柱下，也不要站在管柱下	队长
6. 组装或移动吊卡的吊耳	倒退摔倒；脱落砸在脚上或手上，破碎；挤压	用带有足够长的钢丝绳的卷扬机。用合适的链钳把扣上紧	队长
7. 确保所有的连接部位的上扣扭矩达到API标准或者从接头和钻台标准上使其上扣标准达到一致	钻柱脱落	上紧所有的连接部位或按照钻台和接头的标准确认。做好记录。不要站在管柱和转盘之间，保持司钻视线良好。确保护丝已戴上，管柱在转盘中，拉钳的尾绳安全可靠	队长
8. 移去吊索，卸掉护丝	手指/手被吊卡下的吊索碰伤	在管柱被吊卡吊起前先移去吊索，待管柱被吊起后再卸护丝	队长
9. 对扣	由于管柱的晃动而挤压伤害。在对扣过程中严重的手臂伤害	必要时用气绞车和系管臂。使司钻视线良好。万不可把手伸进接头以使管柱稳定	队长
10. 确保所有接头上扭矩达到API标准	钻柱掉落	合适的链钳，钳柄转动区域要干净。当上扣时，站在钳柄波及不到的地方。检查所有的紧固件和绳索。用合适的钳子	队长
11. 打上/卸掉安全瓶	被滑移的钻铤挤压，被锤子打击，手指被扳手压伤	抓住安全卡瓦把，司钻在卡瓦安装/移开之前应保持牵拉状态。检查锤子和扳手的状况等	队长
12. 坐卡瓦	手被卡瓦和吊卡挤伤。肌肉拉伤，卡瓦歪倒把脚砸伤	坐卡瓦时要小心，抓住卡瓦把，保证司钻实现良好，合适和足量的人手来提放卡瓦	队长
13. 装扶正器，接头等	由于掉落的设备而造成的身体伤害	使用合适的固定设备。旋转销，机械手，铁钻工和气绞车等	队长
14. 装钻头和钻头装卸器	肌肉拉伤，被大钳击伤。被旋转的锁把挤伤，以及手指和脚被擦伤	穿好劳保用品，打好大钳后远离大钳，待上扣后再去工作	队长

十七、吊篮作业

吊篮作业风险分析与安全措施见表4-2-17。

表4-2-17 吊篮作业风险分析与安全措施

基本工作步骤	风险分析	安全措施	负责人
1. 召开准备会议	潜在的误解	确保全队所有人都了解工作内容	队长
2. 获取作业许可证			队长
3. 检查载人吊篮上的提升装置	卸扣损坏，吊索有磨损，地板和扶手可导致设备失效和严重的伤害人身安全	检查吊索和卸扣，确保其状况良好，彩色码和卸扣都已装好。检查扶手和地板状况良好	水手长
4. 在水面以上工作	潜在的落水危险，造成严重伤害	通知值班船水上工作即将进行，要求他们守候，穿救生衣	水手长
5. 移动载人吊篮	接触挤伤手指或上肢	把手指和胳膊放入吊篮内部	水手长
6. 放下载人吊篮	着地时潜在地绊倒伤害，吊篮还未放到甲板上就离开吊篮	载人吊篮着落处要确保干净，移去可能会绊翻吊篮的物体，等到吊车司机给出"可以"的信号后再走出吊篮	水手长

十八、从拖轮上吊大件物体作业

从拖轮上吊大件物体作业风险分析与安全措施见表4-2-18。

表4-2-18 从拖轮上吊大件物体作业风险分析与安全措施

基本工作步骤	风险分析	安全措施	负责人
1. 召开班前会	通信不便	确保每人都了解作业任务	水手长
2. 安装倒钩	由于损坏的绳索和钩而造成接触伤害	确保提升装置状况良好，打上色标	水手长
3. 从拖轮上吊起重物	由于接触晃动的重物或下降过快而造成伤害	所有人员应远离重物	水手长
	由于人员所给信号太杂而混淆交流造成伤害	系上牵引绳	水手长
	由绳索和重物而造成挤压伤害	由指挥员一人来指挥，必要时要确保有逃生路线，不要把重物吊过头顶，当心由于绳索和重物而造成被伤害的形势	水手长

十九、清理套管通径作业

清理套管通径作业风险分析与安全措施见表4-2-19。

表4-2-19 清理套管通径作业风险分析与安全措施

基本工作步骤	风险分析	安全措施	负责人
1. 召开班前会			队长
2. 准备所有工具和设备。提起气管线，将通径规系在绳子上，将工作区域隔离	空气管线断裂，软管没有上安全卡，无关人员进入工作区，绊倒危险	确保软管已经卡上，保持工作区域整洁，工作区的没有作业的人员要多注意观察、发现其他潜在危险	水手长

续表

基本工作步骤	风险分析	安全措施	负责人
3. 高压空气流可以通过套管，并把清理器吹出	听力、眼睛、手指被容器撞击，被绳子绊倒，绳子缠住腿脚。重复性扭曲伤害	戴耳塞和护脸罩。良好的通信，将所有短节标上记号。当其他人拉清理器时，要站在一边。使用合理的提升方法	水手长
4. 继续工作，直至工作完成	绊倒、滑倒伤害	清理工作场地。将所有工具和设备收起，放回到适当的位置	水手长

二十、安装井口防喷器组作业

安装井口防喷器组作业风险分析与安全措施见表4－2－20。

表4－2－20　安装井口防喷器组作业风险分析与安全措施

基本工作步骤	风险分析	安全措施	负责人
1. 召开班前会			队长
2. 检查提升装置	重物从用旧的安全闩中掉落。由于牵引绳的损害而造成重物失控	修理、更换，检查其安全工作负荷	队长
3. 提升重物	若偏离半径，防喷器组的重量会超过吊车负荷。不合适的安全工作负荷，安全闩失效，吊索磨损会造成重物掉落而伤人。牵引绳失效造成重物失控。手被卷入提升装置造成接触伤害。被夹入物体之间	了解其重量并保持防喷器组在半径范围内。检查所有吊索和卸扣，必要时进行更换。把手放在危险范围之外。清理周围场地。把四通放在甲板上，始终要确保有一条快速逃生路线	队长
4. 将防喷器组就位	吊车偏离半径，重物和吊车失控导致严重的伤害，设备失效	平稳操作，无关人员远离作业公司	队长
5. 清理场地	滑倒和绊倒伤害，盖子掉落	更换装置，清理场地，确保盖子系牢	队长

二十一、井架工作业

井架工作业风险分析与安全措施见表4－2－21。

表4－2－21　井架工作业风险分析与安全措施

基本工作步骤	风险分析	安全措施	负责人
1. 爬上井架	坠落、滑倒	检查工鞋的状况，不能磨得特别光滑，梯子的横杠不能被黄油、钻井液等玷污。不要携带东西爬梯子。上去后关闭梯子门	架工
2. 整理好衣服，带上惯性逃生滚筒绳，确保钻铤支梁是关着的	坠落	检查设备，在扶手以内工作，调节坠落保护器，检查所有安全绳索	架工
3. 检查井架和猴台周围环境	物体松动，气绞车绳索和兜绳断裂	不能有没有被系上的工具，检查所有的安全作业设备	架工

续表

基本工作步骤	风险分析	安全措施	负责人
4. 进行工作	落物、滑倒、钻杆脱落、挤手	注意平台移动,检查松动齿轮,如螺栓、铆钉等,吊卡上来时,手要放在钻杆后面,若钻杆没能入吊卡,让其自然,不要设法去抓它。当排放钻杆或钻铤时,注意在横梁处可能挤手	架工

二十二、井架区高空作业

井架区高空作业风险分析与安全措施见表4-2-22。

表4-2-22 井架区高空作业风险分析与安全措施

基本工作步骤	风险分析	安全措施	负责人
1. 召开班前会,确保取得合理的许可证		明确要做的工作,讨论所存在的危险	架工
2. 准备安全带或吊篮	安全带、吊篮失效,造成人员空中坠落	检查安全带和吊篮的磨损情况和丝网的损坏情况,检查吊环,提升索和个人保护装备	架工
3. 准备所用工具和设备	由于工具/设备损坏而造成可能的人身伤害	检查工具和设备	架工
4. 把吊篮系在卷扬机绳上	吊钩失效,卷扬机生头环失效	圆吊钩不能用来吊人,目检卷扬机绳和套环	架工
5. 吊运人员到工作高度	由于摇晃撞到井架内的设备或井架本身晃动而伤害吊篮内的人员,工具和设备坠落	工作前,卷扬机操作手,观察人员恶化高空作业人员要讨论好手势,若在猴台以上作业,要安排一个人站在猴台上用电话来传递信号。若在天车下方作业,要安排一个人在天车上用双频对讲机来发布指令。工具可以用系好的容器来运送,所用工具一定要用保险绳拴牢	架工
6. 开工和完成任务	下面的工作人员被落物砸伤,由于工具的尺寸不合适和站位不当而受伤	保证有足够人以确保工具、设备的安全、戴上手套以免工具等滑落	架工
7. 把工作人员降放回钻台	下放过程中由于晃动撞击井架内的设备或井架本身而造成吊篮内人员受伤	工作前,卷扬机操作手,观察人员恶化高空作业人员要讨论好手势,若在猴台以上作业,要安排一个人站在猴台上用电话来传递信号。若在天车下方作业,要安排一个人在天车上用双频对讲机来发布指令。工具可以用系好的容器来运送,所用工具一定要用保险绳拴牢	队长

二十三、刮管洗井作业

刮管洗井作业风险分析与安全措施见表4-2-23。

表4-2-23 刮管洗井作业风险分析与安全措施

基本工作步骤	风险分析	安全措施	负责人
1. 连接钻头	井口保护不好，造成井下落物事故	盖上井口，放好钻头装卸盒，按照规定扭矩上扣	队长
2. 连接刮管器	牙板松动，造成井下落物，刮管器装反	盖好井口，提前检查牙板，注意牙板方向，用游车送通径规去二层台一定要绑好，井架工取通径规时钻台上的人员要站开	队长
3. 下钻，钻杆通径	落物卡钻，牙板脱落，通径规坠落伤人	小心操作、严防落物入井，锁死转盘	司钻
4. 探人工井底	堵塞钻头水眼	下压吨位不要太多，在1~2t之内	司钻
5. 洗井	管线窜动伤人，清洗液排海污染海洋	洗井前固定好管线，防止跳动；严格记录总泵冲并派人监测返出后回收	司钻

二十四、下筛管作业

下筛管作业风险分析与安全措施见表4-2-24。

表4-2-24 下筛管作业风险分析与安全措施

基本工作步骤	风险分析	安全措施	负责人
1. 召开班前会	不熟悉操作步骤和注意事项	提前技术交底和简单培训	工具工程师
2. 连接筛管和服务工具	错扣，筛缝不合格，管柱落井，密封损坏，封隔器提前坐封	栓牵引绳扶正筛管，先倒扣，再上扣，工具手用标准筛规检查筛缝，不合格的更换，中心管打好安全卡瓦，密封表面涂抹黄油，封隔器过井口时缓慢下放，注意重变化，防止遇阻提前坐封	司钻
3. 下钻	落物，遇阻，损坏筛管	保护好井口，下钻平稳，锁死转盘，严禁正转，按照筛管要求下放速度下钻	电泵队长
4. 管线试压	管线憋压甩动伤人，管线破裂，高压伤人	试压前全船广播；拉隔离带，专人值班	防砂队长
5. 起钻，甩服务工具	井涌，管柱落井，甩工具伤人	观察井口液面，灌液，备足完井液，打好安全卡瓦，专人负责，吊车配合，人员协作	司钻工具工程师

二十五、下生产管柱作业

下生产管柱作业风险分析与安全措施见表4-2-25。

表4-2-25　下生产管柱作业风险分析与安全措施

基本工作步骤	风险分析	安全措施	负责人
1. 召开班前会	不熟悉操作步骤和注意事项	提前技术交底和简单培训	工具工程师
2. 下油管	水泥吊装伤人，油管落井，螺纹损坏	保护好井口，用专用的油管提丝吊装，下钻平稳，检查吊卡，对正井口	司钻
3. 连接电泵机组	绝缘不好，电泵落井，电缆损坏，火灾，井涌	保护好井口，按照连接电泵的要求放完原来的电机油，重新注油，打吊卡时，应仔细上紧螺栓吊卡选用正确尺寸；起吊电机要平稳；盖好井口，放电时要测爆，导通压井管汇，做好防喷准备。打好电泵吊卡，检查钢丝绳，专人扶电缆	电泵队长
4. 连接井下工具	安全阀开关不灵活、封隔器控制管线试不住压	提前对安全阀做开关试验，控制管线试压	工具工程师
5. 连接油管挂，坐挂	定位槽方向不对，电缆损伤，密封损坏	提前确认好油管四通定位销的方向，坐挂前测绝缘，下放时固定好并专人扶电缆，提前拆下密封到位后在装上	采油树厂家

第三节　防热带气旋（台风）管理

为确保文昌13－6平台模块钻机在台风期间的安全性，项目组制定防台部署程序来满足现场需要。

一、设备固定及防护

1. 前期准备

（1）室外广播、照明灯具需进行加强固定，以对抗强风。

（2）各类桶装油料、油脂、油漆、气瓶的固定。

（3）各类灭火器、消防栓、消防箱的固定。

（4）钻井绞车棚顶货物的固定、甲板白房子顶部货物的清空。

（5）BOP甲板面井口盖板的固定、大件常用固定设备的点焊固定。

（6）VFD房挡水门外侧脚手架的搭建。

（7）VFD1、VFD2房电缆端子室门打玻璃胶、并用防水胶布封闭。

（8）生活区卫星锅盖和鞋柜的固定。

2. 确定撤离断电前

（1）固井材料捆绑固定及固井泵电气设备的包扎防护。

（2）将左右两舷的打油、打水、吹灰（土粉、重晶石）、吹水泥和打钻井液管线共10条管线吊至甲板面栏杆内侧固定好。

（3）钻台甩钻具、游车大钩固定、BOP组及控制管线固定及井架上摄像头等附件防风固定。

(4)泵房关闭进出风口风闸及两侧水密门。

(5)放掉钻井液池内钻井液,关闭排海阀。

(6)库美系统泄压,关闭库美房门。

(7)化验室、材料间、轮机房3个空调室外机包扎。

(8)对于钻井模块暴露在室外的各控制开关按钮、插座要进行包扎。

(9)甲板面货物卸载,大件集装箱点焊固定,小件捆绑固定。

3. 断电后撤离前

(1)制动电阻柜必须用帆布罩进行包扎(20min)。

(2)变压器房、电池间、应急配电间风闸(进、排风闸共6个)关闭并进行包扎(45min)。

(3)应急配电间2台空调、司钻房空调、VFD1/VFD2风冷空调的共5个室外机用帆布罩进行包扎(40min)。

(4)变压器房、电池间、应急配电间、VFD1/VFD2房、队长值班室、机修间、钻井液化验室、FM200房、机房,打玻璃胶并用防水胶布进行封闭(60min)。

(5)钻台顶驱VFD、钻台司钻房房门上锁,打玻璃胶,并用帆布罩包扎(30min)。

(6)钻井绞车A/B电机、自动送钻电机需用3个帆布罩进行包扎(20min)。

(7)电吊、柴油吊的固定:提前固定好电吊,最后设备和人员吊至拖轮后再固定柴油吊。此过程中控负责,钻井协助,具体分工见“防台实施检查表”。

二、撤离平台断电程序

(1)在VFD1切断顶驱变频间(TOP-VFD)的送电主开关。

(2)关闭变频系统所有逆变柜、整流单元主开关。

(3)在应急配电间切断各开关柜(负载)的电源后断掉进线主开关ACB11(注:UPS断电后会切换到蓄电池供电)。

(4)在VFD1房切断MCC盘各开关柜(负载)的电源后,依次对ACB10、ACB9及ACB6进行断电。

(5)依次对在线的发电机断电,待主发电机停止运行后,将发电机柜内蓄电池接线断开。

(6)将UPS出线负载全部断开后,在电池房断开UPS蓄电池隔离开关。

(7)关闭机舱燃油速闭阀。

三、返平台恢复设备程序

(1)解除设备的防台帆布及固定。

(2)拆除各处防水胶布及玻璃胶,查看有无雨水堆积或渗漏。

(3)按照电气绝缘检查表对电气设备绝缘逐项进行检查[主要包括主发电机、VFD房进出线母排绝缘、照明系统、钻井绞车变频电机(2台)、钻井泵变频电机(6台)、转盘顶驱主电机绝缘],绝缘过低时可先使用UPS供电启动除湿器去潮直至满足供电要求。

(4)确认生产平台海水及压缩空气满足主机启动的需要。

(5)打开机舱风闸应急关闭阀(在机舱门口),检查发电机房风闸是否工作正常。

(6)电池间合上电池隔离开关,恢复应急开关间UPS系统工作。

(7)恢复钻井模块火气系统供电。

(8)检查并启动主发电机,正常后,在 VFD1 房依次合上 ACB6、ACB9、ACB10、然后在应急配电间合上 ACB11。

(9)开始正常电路的供应(包括各支路主开关、整流器、逆变器的主开关等)。

四、避台最后撤离人员名单

(1)油田(9 人):油田总监 1 人,生产监督 1 人,维修监督 1 人,生活管事 1 人,电气主操 1 人,仪表主操 1 人,中控主操 2 人,报务主任 1 人。

(2)钻完井(10 人):钻完井总监 1 人,高级队长 1 人,钻井队长 1 人,司钻 1 人,副司钻 1 人,海事师 1 人,吊车司机 1 人,设备监督 1 人,电气师 1 人,轮机员 1 人。

五、文昌 13 -6 钻井模块防台实施检查表

1. 防台准备工作

防台准备见表 4 -3 -1。

表 4 -3 -1　防台准备

一、固井泵区域			
序号	设备及物料名称	防台工作	负责人
1	各类桶装油料固定	集中用麻绳固定在 BOP 试压桩底座下面	固井领队
二、23m 层甲板(采油树甲板)			
序号	设备及物料名称	防台工作	负责人
1	井口套管头下部脚手架	拆除脚手架,材料打包归还工程部(留少部分备用),消掉借用单据	值班队长
2	井口区四周脚手架	拆掉铁皮,并集中送回陆地	工程部
3	井口区各种杂物及物料	清理杂物、物料至避风处捆绑固定	甲板班长
三、18m 层甲板			
序号	设备及物料名称	防台工作	负责人
四、水面导向孔四周走道			
序号	设备及物料名称	防台工作	负责人
1	前期拆除的脚手架材料	收捡到 23m 层甲板集中打捆返湛	设备监督
五、平台生活区			
序号	设备及物料名称	防台工作	负责人
1	柴油吊大小钩固定吊耳	协助生产部门预制焊接固定吊耳	设备监督
2	电吊大小钩固定吊耳	协助生产部门预制焊接固定吊耳	设备监督
3	鞋柜	四脚点焊加固,防倾倒	工程部

续表

六、BOP甲板			
序号	设备及物料名称	防台工作	负责人
1	过滤设备、中法钢丝设备	四脚点焊加固，防移动	设备监督
2	BOP甲板井口盖板	加工专用工具固定井口大小盖板	设备监督
3	四周灯具、消防栓、油桶、排污槽盖板	用麻绳防风固定；消防栓用帆布包扎；排污槽盖板集中存放	设备监督/甲板班长
4	两侧油漆、油脂存放区	周围搭建脚手架及挡风板	设备监督
5	固井泵橇、固井水柜橇、应急混浆泵橇、库美房橇、定向井工作间	四脚点焊加固，防移动	设备监督
七、泵房			
序号	设备及物料名称	防台工作	负责人
1	右舷卸货区的泵房工具箱	四脚点焊加固，防移动	设备监督
八、机房			
序号	设备及物料名称	防台工作	负责人
1	左舷门口油桶	集中捆绑固定，废油及时送116处理	轮机员
九、VFD房区域			
序号	设备及物料名称	防台工作	负责人
1	左舷过道挡水门顶部缝隙	顶部封挡水板	设备监督
2	过道后侧缝隙	搭脚手架	设备监督
3	右舷挡水门外侧搭脚手架	搭脚手架	设备监督
十、散装仓			
序号	设备及物料名称	防台工作	负责人
1	散装仓卸货区货架、散料	散装仓卸货区清空及货架散料固定	副司钻
十一、管甲板			
序号	设备及物料名称	防范措施	负责人
1	左舷乙炔气瓶存放区	四周需要脚手架栏护	设备监督
2	日常不用的货物	及时装船返湛	海事师
十二、钻台及井架			
序号	设备及物料名称	防台工作	负责人
1	钻台绞车顶棚货物	清理杂物，固定几个箱子四脚	钻井队长
十三、其他			
序号	设备及物料名称	防台工作	负责人
1	模块所有黄色日光灯支架	更换为强度更高的支架	设备监督
2	照明系统	各种灯具防风固定	设备监督
3	消防箱、消防栓	进行防风固定	甲板班长
4	油桶、气瓶	进行防风固定	甲板班长

2. 确认撤离后断电前需要完成的工作

确认撤离后断电前需要完成的工作见表4－3－2。

表4－3－2 确认撤离后断电前需要完成的工作

一、固井泵区域			
序号	设备及物料名称	防台工作	负责人
1	固井用大、小桶装材料	集中用麻绳固定在固井水柜一侧	固井领队
2	固井设备电气相关设备	用帆布将电气设备包扎好	固井领队
二、23m层甲板(采油树甲板)			
序号	设备及物料名称	防台工作	负责人
三、18m层甲板			
序号	设备及物料名称	防台工作	负责人
1	左舷分别为1条水泥管线、1条重晶石和土粉管线、1条打钻井液管线、1条平台打水管线、1条平台打柴油管线(共5条)	收起来放在两侧甲板上栏杆内固定	海事师
2	右舷分别为1条水泥管线、1条重晶石和土粉管线、1条打钻井液管线、1条平台打水管线、1条平台打柴油管线(共5条)	收起来放在两侧甲板上栏杆内固定	海事师
四、水面导向孔四周走道			
序号	设备及物料名称	防台工作	负责人
五、平台生活区			
序号	设备及物料名称	防台工作	负责人
1	二层及五层左舷卫星锅盖	搭建脚手架固定	设备监督
六、BOP甲板			
序号	设备及物料名称	防台工作	负责人
1	BOP组及其控制管线	根据当时作业情况而定	司钻
2	下底座轨道盖板	收集并固定	副司钻
3	上、下底座滑移液缸	滑移液缸伸出带力，爬行机构锁紧轨道	钻井队长
七、泵房			
序号	设备及物料名称	防台工作	负责人
1	风口进出风闸	确认关闭	机械师
2	钻井液池	跟监督确认后，放掉钻井液池钻井液，关闭排海阀	副司钻
3	泵房两侧挡水门	确认关闭	副司钻
八、机房			
序号	设备及物料名称	防台工作	负责人

续表

九、VFD房区域			
序号	设备及物料名称	防台工作	负责人
1	FM200 房门	确认关闭,打玻璃胶并贴强力胶布	机械师
2	材料房门	确认关闭,打玻璃胶并贴强力胶布	机械师
3	机修间房门	确认关闭,打玻璃胶并贴强力胶布	机械师
4	钻井液化验室房门	确认关闭,打玻璃胶并贴强力胶布	机械师
5	材料间空调室外机	用帆布包扎	电气师
6	轮机房空调室外机	用帆布包扎	电气师
6	钻井液化验室空调室外机	用帆布包扎	电气师
7	室外各控制开关按钮插座	用帆布包扎	电气师
十、散装仓			
序号	设备及物料名称	防台工作	负责人
1	散装仓水密门	确认关闭,中间加支撑横杆	副司钻
十一、管甲板			
序号	设备及物料名称	防台工作	负责人
1	甲板集装箱、白房子散件	把集装箱挡在甲板白房子周围遮挡风雨进入白房子,甲板面所有集装箱均需点焊固定	海事师
2	白房子顶部平台货物	风口,需清空处理	海事师
3	甲板面货物	根据平台各区域的可变载荷卸载	海事师
十二、钻台及井架			
序号	设备及物料名称	防台工作	负责人
1	游车大钩顶驱	固定	司钻
2	二层台及钻台摄像头	进行包扎保护	井架工
3	油套管柴油机	甩至甲板面固定好	甲板班长
4	钻台下底格栅板及轨道上的货物	清理至甲板面固定	甲板班长
5	井口钻具	根据现场作业情况而定	钻井队长

3. 断电后撤离前需要完成的工作

断电后撤离前需要完成的工作见表4-3-3。

表4-3-3　断电后撤离前需要完成的工作

一、固井泵区域			
序号	设备及物料名称	防台工作	负责人
二、23m层甲板(采油树甲板)			
序号	设备及物料名称	防台工作	负责人

续表

三、18m层甲板			
序号	设备及物料名称	防台工作	负责人
四、水面导向孔四周走道			
序号	设备及物料名称	防台工作	负责人
五、平台生活区			
序号	设备及物料名称	防台工作	负责人
六、BOP甲板			
序号	设备及物料名称	防台工作	负责人
1	库美系统	库美系统储能器均保持压力，电动泵断电，气动泵断气处理	机械师
七、泵房			
序号	设备及物料名称	防台工作	负责人
八、机房			
序号	设备及物料名称	防台工作	负责人
1	机房的进排风机和风闸	确认关闭	轮机员
2	机油罐、柴油罐出口阀及液位标尺阀门(包括燃油速闭阀)	确认关闭	轮机员
3	机油罐、柴油罐和日用柴油罐上方的呼吸口	用塑料布包扎	轮机员
4	机房的进排风机和风闸	确认关闭	轮机员
5	柴油机的油路和气路阀门	确认关闭	轮机员
6	机房两侧挡水门	关闭，打玻璃胶，贴胶布	轮机员
九、VFD房区域			
序号	设备及物料名称	防台工作	负责人
1	制动电阻柜	用帆布罩进行包扎	电气师
2	变压器房2个进、排风闸	关闭并进行包扎	电气师
3	电池间2个进、排风闸	关闭并进行包扎	电气师
4	应急配电间2个进、排风闸	关闭并进行包扎	电气师
5	VFD1、VFD2房2个风冷空调	用帆布罩进行包扎	电气师
6	应急配电间2台空调室外机	用帆布罩进行包扎	电气师
7	司钻房1台空调室外机	用帆布罩进行包扎	电气师
8	变压器房门	关闭，打玻璃胶，贴防水胶布	机械师
9	电池间房门	关闭，打玻璃胶，贴防水胶布	机械师
10	机房门	关闭，打玻璃胶，贴防水胶布	机械师
11	队长值班室房门	关闭，打玻璃胶，贴防水胶布	机械师
12	VFD1/VFD2房门	关闭，打玻璃胶，贴防水胶布	机械师
13	应急配电间房门	关闭，打玻璃胶，贴防水胶布	机械师

续表

十、散装仓			
序号	设备及物料名称	防台工作	负责人
十一、管甲板			
序号	设备及物料名称	防台工作	负责人
1	焊工房	焊机垫高并用帆布包好。乙炔管线和氧气管线收回到机修间。焊工专用的工具柜用绳子扎好	焊工
2	钻台甩下的钻具	尽可能的卸载	海事师
十二、钻台及井架			
序号	设备及物料名称	防台工作	负责人
1	顶驱 VFD 房门	打玻璃胶,贴胶布,罩帆布	电气师
2	钻井绞车 A/B 电机,送钻电机	进行包扎保护	电气师
3	顶驱主电机进风和排风口	进行包扎保护	电气师
4	游车大钩顶驱	固定	司钻
5	库美远控台	用帆布包扎处理	电气师
6	盘刹液压站的电气箱	盘刹液压站的电气箱用帆布包扎好,四扇门关好用绳子绑好	电气师
7	钻台气源	确认关断	机械师
8	倒绳机	倒大绳的绞车及滚筒用帆布包扎	司钻
9	司钻房门	关闭,打玻璃胶,贴防水胶布	电气师
十三、其他			
序号	设备及物料名称	防台工作	负责人
1	电吊(15t)	提前把电吊爬杆放回休息臂	吊车司机
		协助生产部门固定好电吊大小钩	吊车司机与平台方一起
		吊车操作室内驻车(包括转盘)、关闭电气设备	吊车司机与平台方一起
		确认关闭吊车操作室房门	吊车司机
		吊车操作室外空调机用帆布包扎	吊车司机与平台方一起
2	柴油吊(45t)	把吊车爬杆放回休息臂	吊车司机
		协助生产部门固定好吊车大小钩	吊车司机与平台方一起
		吊车操作室内驻车(包括转盘)、关闭电气设备	吊车司机与平台方一起
		确认关闭吊车操作室房门	吊车司机
		吊车操作室外空调机和排烟管用帆布包扎	吊车司机与平台方一起
3	所有区域设备及物料	撤离前对所有固定区域进行复查拍照,返平台解固定前逐项核对	设备监督

4. 返平台恢复设备前需完成的工作

返平台恢复设备前需完成的工作见表4-3-4。

表4-3-4 返平台恢复设备前需完成的工作

一、巡回检查			
序号	具体步骤		负责人
1	返平台后对所有固定进行核查,参照避台前照片,确认现场是否异常		高级队长
二、恢复送电程序			
序号	具体步骤	恢复工作	负责人
1	各种设备的防台帆布	解除相关设备的绑扎	设备监督
2	各处防水胶布及玻璃胶	拆除各处防水胶布及玻璃胶,查看有无雨水堆积或渗漏	电气师
3	电气绝缘	按照电气绝缘检查表对电气设备绝缘逐项检查[主要包括主发电机、VFD房进出线母排绝缘、照明系统、钻井绞车变频电机(2台)、泥浆泵变频电机(6台)、转盘顶驱主电机绝缘],绝缘过低时可先使用UPS供电启动除湿器去潮直至满足供电要求	电气师
4	海水及压缩空气	确认生产平台海水及压缩空气满足主机启动的需要	轮机员
5	机舱风闸	打开机舱风闸应急关闭阀(在机舱门口),检查发电机房风闸是否工作正常	轮机员
6	主机蓄电池	测量主机蓄电池,电压值需达到24V,如果蓄电池到不到24V,可先闭合UPS隔离开关,使用UPS电源启动主机	电气师
7	机舱风闸	生产空气正常后打开机舱风闸应急关闭阀(在机舱门口)检查发电机房风闸开启状况是否工作正常	轮机员
8	电池房的电池隔离开关	合上电池隔离开关,恢复应急开关间UPS系统工作	电气师
9	火气系统	恢复钻井模块火气系统供电	电气师
10	检查并启动主发电机	检查并启动主发电机	轮机员
11	主发动机启动正常后	正常后,在VFD1房依次合上ACB6、ACB9、ACB10、然后在应急配电间合上ACB11	电气师
12	正常送电	开始正常电路的供应(包括各支路主开关、整流器、逆变器的主开关等)	电气师
三、送电正常后恢复程序			
序号	具体步骤	恢复工作	负责人
1	游车大钩解固定	对游车大钩解除固定,检查井架附件及上下净空有无异常	司钻
2	库美系统恢复	库美系统压力恢复,确保井控设施完整性和安全性	司钻
3	甲板货物解固定	解除甲板大件设备四脚的点焊固定	设备监督
4	电吊、柴油吊解固定,功能测试	协同生产部门,解除对吊车的固定,恢复投入使用	设备监督
5	甲板场地货物整理	甲板场地货物就位,整理出安全通道	海事师

续表

三、送电正常后恢复程序			
序号	具体步骤	恢复工作	负责人
5	恢复打油、打水、吹灰和打钻井液管线	将左右两舷的打油、打水、吹灰和打钻井液管线共10条管线按照作业需要挂在弦外方便使用	海事师
6	井口恢复工作	与监督组沟通,确定井口恢复工作方案,对现场安排下一步工作计划	高级队长

六、平台抗风载荷

文昌13－6模块钻机台风工况承载区荷载数据见表4－3－5。

表4－3－5　文昌13－6模块钻机台风工况承载区荷载数据表

序号	模块/设备名称	荷载(kN)	备注
1	沉砂罐	270.69	DSM模块
2	除气罐	135.34	DSM模块
3	除砂罐	135.34	DSM模块
4	离心机清除罐	174.64	DSM模块
5	混合罐	215.60	DSM模块
6	药剂罐	215.60	DSM模块
7	钻井液循环罐D	539.00	DSM模块
8	钻井液循环罐C	862.40	DSM模块
9	钻井液循环罐B	1013.32	DSM模块
10	钻井液循环罐A	1013.32	DSM模块
11	散料	300.00	DSM模块
12	管堆场	3600.00	DSM模块

说明:

(1)DES包含了转盘荷载315t＋立根荷载160t。

(2)DSM包含了钻井液全部荷载、管子堆场、散料舱等荷载(见表4－3－5)。

(3)由于井架是老设备,虽经过改造加强,但还是建议台风情况下,二层台不要停放过多的钻杆。

(4)DES上、下滑轨的螺栓,台风工况下,必须锁紧,并尽量回到DES模块的中间位置。

第五章 模块钻机的发展趋势

第一节 电驱动模块钻机成主流

模块钻机已由传统意义上的机械驱动钻机逐步被电驱动钻机所代替。与机械钻机相比，电驱动钻机具有操作安全、维护保养方便等特点，特别是全数字系统的出现，使得控制功能更完善，可靠性更高，调整更容易，更改功能更快捷，故障诊断更充分，操作维护更简单。电驱动模块钻机可通过编程控制器获得机械钻机很难实现的许多功能，为实现钻井操作智能化创造了条件，目前在模块钻机中，电驱动模块钻机占很大比重。

电驱动模块钻机包括 ACSCRDC 的直流电驱动模块钻机和 ACGTOAC 交流变频电驱动模块钻机 2 类。直流电驱动模块钻机拥有成熟的控制技术，同时其投资成本相对较低，所以目前在电驱动模块钻机中，直流电驱动模块钻机应用普遍。交流变频电驱动模块钻机采用了交流变频调速技术，是一种涉及电动机理论、自动化控制理论、电路拓扑理论、电力电子技术、微电子及计算机技术的综合性交叉技术，具有直流电驱动钻机无法比拟的优越性。它比常规可控硅直流电驱动钻机具有调速范围宽的无级调速性能；短时增矩倍数达 15 ~ 20 倍，既可以在低转速下恒扭矩输出，也可以进行较宽的恒功率调节；免去电动机无碳刷换向器造成火花给防爆和维护带来的麻烦；拆迁、安装方便等。交流变频电驱动石油钻机将成为陆地和海洋石油钻机发展的换代产品，目前只在海洋模块钻机中应用较多。

第二节 模块钻机的快速运移

模块钻机的高度集成化和良好运移性，大大降低了钻机的辅助成本（运输成本和停工成本）。提高模块钻机的快速运移性主要采用更高层次的模块化设计和轮式运输方案等方式，拆卸安装方便、快捷、省时、省力，搬家运输车次少。美国 National - oilwell 公司设计的 1103kW（1500hp）拖挂式直流电驱动模块钻机，其主要部分（包括底座、井架及绞车）可适应 3 种运输方式：对于近距离及路况较好的情况下，采用井架直立，底座高位状态下整体轮式拖挂运输；对于较远距离及路况较差的情况下，采用井架、底座低位状态下整体轮式拖挂运输；在长距离、路况差的情况下，井架与底座分开运输，分别采用单独整体轮式拖挂运输。这样就大大提高了大型钻机的运移性能，整个井场设施可以做到 23 ~ 30 个搬家车次运完。

第三节 模块钻机的机械化、自动化和智能化的发展

（1）整体化模块钻机系统。设备配套传统的钻机是由彼此相互独立的子系统构成，重要的信息不能由其他子系统共享，而现代的模块钻机正向着整体化钻机系统方向发展。所谓整体化钻机系统是指将所有钻井机械装备、监测仪表和数据处理设备相互联结起来构成一个标

准化的系统,通过计算机网络可实现所有设备的信息共享。该系统可在中央控制室完全控制。因此,可实现先进的自动化和优化工艺,提高作业效率,降低作业成本。

(2)盘式刹车与配套控制技术。美国 National - oilwell、Varco 等公司已完成了盘式刹车能量监控系统和自动送钻系统的研究,并形成产品。其能量监控系统可预先设定游车行程、钩载以及提升系统能量的合理范围,并在钻井过程中不停地监测与计算,系统将根据监测与计算数据进行不同地控制,以保证作业安全。其自动送钻系统可在送钻过程中连续采集钩载,计算钻压,并不断发出信号控制盘式刹车,实现设定目标钻压下的自动给进。

(3)顶部驱动钻井装置。该装置克服了转盘钻井方式存在的许多缺陷,显得更加安全可靠,尤其适合于在深井、超深井、斜井以及水平井等要求高和工况复杂下作业,被石油工业界广泛接受和普遍应用,成为国际钻井市场上的必备装置。顶部驱动钻井装置有液压顶部驱动钻井装置和电驱动顶部驱动钻井装置。交流变频顶驱具有调速范围宽、电机无碳刷、防爆性能安全、功率因数高、质量轻等优点,且随着变频技术的不断完善,交流变频顶部驱动钻井装置将成为电驱动钻井装置的主流。

(4)全液压可移动模块钻机优势凸显。全液压可移动式模块钻机彻底改变了传统石油钻机的结构模式,利用倍程油缸和液压顶驱,代替了传统钻机的井架和底盘,配以自动化工具,整套钻机自动化程度高,仅 2 人就可操作整套钻机进行钻井作业。该钻机作业费用明显下降,占地面积小,搬家省事,噪声低。Soilmec 公司开发的全液压可移动式模块钻机,大钩载荷为 910 ~ 2720kN。其中,HH300 型钻机,动态钻井载荷可达 1800kN,液压动力为 1103kW(1500hp)。据 Soilmec 公司统计,全液压可移动式模块钻机总钻井费用减少达 40%,搬家费用减少 50%,占地面积减少 40%。明显的优势促使很多钻机制造商投入到此种钻机的开发和研制中,随着钻井水平的提高和难度的加大,该钻机必将得到更大发展。

参 考 文 献

[1] 冯定,唐海雄,周魁,等．模块钻机的现状及发展趋势[J]．石油机械,2008,36(9):143－147.

[2] 蔡卫明,吴新胜．海上固定平台模块钻机结构建造检验[J]．河南科技,2011,12(下):57－58.

[3] 冯定,杨志远,周魁．轻型可搬迁海洋钻修机模块划分方案研究[J]．石油矿场机械,2010,39(2):46－47.

[4] 陈如恒．钻机的模块化设计[J]．石油矿场机械,2004,33(4):1－8.